FORSCHUNGSBERICHTE DES LANDES NORDRHEIN-WESTFALEN

Herausgegeben

im Auftrage des Ministerpräsidenten Dr. Franz Meyers

von Staatssekretär Professor Dr. h. c. Dr. E. h. Leo Brandt

DK 534.1:621.837.7

Nr. 1015

Prof. Dr.-Ing. Walther Meyer zur Capellen

Lehrstuhl für Getriebelehre der Rhein.-Westf. Techn. Hochschule Aachen

Biegungs- und Lagerschwingungen in Kurbeltrieben

Als Manuskript gedruckt

WESTDEUTSCHER VERLAG / KÖLN UND OPLADEN

1962

ISBN 978-3-663-03565-7 ISBN 978-3-663-04754-4 (eBook)
DOI 10.1007/978-3-663-04754-4

Vorwort

Die höheren Drehzahlen in Verarbeitungsmaschinen zwingen dazu, der Dynamik und den Schwingungen in periodischen Getrieben mehr Aufmerksamkeit zu widmen. Die vorliegende Arbeit soll einen Beitrag hierzu liefern und beschäftigt sich mit den Schwingungen und den Störungen, welche auftreten, wenn die Wellen von An- und Abtrieb biegeelastisch sind oder wenn die Lager nochmals elastisch gelagert sind. Experimentelle Untersuchungen sollen die Arbeit ergänzen.

Der Landesregierung sei wiederum für die Förderung der vorliegenden Arbeit gedankt.

Der Verfasser

Aachen, im November 1961

G l i e d e r u n g

A. Kinematik

1. Bezeichnungen, Definitionen
2. Winkeländerungen
3. Geschwindigkeiten

B. Dynamik

1. Die kinetische Energie und ihre Ableitungen
2. Die Lagrangeschen Kräfte
3. Die Differentialgleichungen der Bewegung
4. Die Lösung der Differentialgleichungen
5. Die Annahme konstanter Winkelgeschwindigkeit des Antriebes
6. Beispiel
7. Sonderfälle

Anhang (Abbildungen)

Die durch ungleichförmige Übersetzung in Kurbeltrieben (Kurbelschwinge und Doppelkurbel) entstehenden periodisch wechselnden Massenkräfte können Anlaß zu verschiedenartigen Schwingungen geben, wie für Torsionsschwingungen sowie für Schwingungen des elastisch gelagerten Gestells an anderer Stelle gezeigt wurde [1]. Hier sollen nun die Auswirkungen biegungselastischer Wellen in An- und Abtrieb sowie elastischer Lagerung von An- und Abtrieb gezeigt werden. Die Auslenkungen sollen als klein angenommen und zur Entwicklung sollen die Lagrangeschen Gleichungen herangezogen werden. Hierzu bedarf es zunächst einer kinematischen Betrachtung, um die Änderung gegenüber dem starr gelagerten Getriebe zu erkennen und daraus die Geschwindigkeiten der einzelnen Glieder abzuleiten, welche ja für die kinetische Energie des Gesamtsystems erforderlich sind.

A. Kinematik

1. Bezeichnungen, Definitionen

Für die Maße der einzelnen Glieder seien eingeführt, Abbildung 1: $\overline{A_oB_o} = d$ = Steglänge (Glied 4 = 0) bei starren Wellen I und III in An- und Abtrieb, $\overline{A_oA} = a$ = Länge des Antriebsgliedes (Glied 1), $\overline{AB} = c$ = Koppellänge (Glied 2). $\overline{B_oB} = b$ = Länge des Abtriebsgliedes (Glied 3). Die Schwerpunkte S_1, S_2, S_3 der einzelnen Glieder sind durch die jeweils gliedfesten Abstände $r_1 = \overline{A_oS_1}$, $r_2 = \overline{AS_2}$, $r_3 = \overline{B_oS_3}$ und die gliedfesten Winkel $\sigma_1 = \sphericalangle\, AA_oS_1$, $\sigma_2 = \sphericalangle\, BAS_2$, $\sigma_3 = \sphericalangle\, BB_oS_3$ bestimmt.

Bei starren Wellen mögen die Mittellinien der Glieder 1, 2, 3 mit der durch A_o gezogenen x-Achse, vgl. Abbildung 1, die Winkel α, β, γ bilden. Hierbei sei noch angenommen, daß die Kurbel 1 sich mit konstanter Winkelgeschwindigkeit drehe, also $d\alpha/dt = \omega_1$ (= ω zur Abkürzung gesetzt) konstant bleibt. Ob diese Voraussetzung gemacht werden kann oder ob sie an gewisse Bedingungen geknüpft ist, wird später erörtert.

Im übrigen wird mit folgenden Winkeln der Glieder 1, 3 und 2 gearbeitet:

α, β, γ : Winkel in der nicht ausgelenkten Lage gegenüber der raumfesten x-Achse.

$\alpha^*, \beta^*, \gamma^*$: Winkel in der ausgelenkten Lage gegenüber dem Steg $A_o^* B_o^*$ in dieser Lage.

$\bar{\alpha}, \bar{\beta}, \bar{\gamma}$: Winkel in der ausgelenkten Lage gegenüber der raumfesten x-Achse.

φ ist der Winkel des ausgelenkten Steges gegenüber der x-Achse und $\bar{\varphi}_1 = 0$, $\bar{\varphi}_3$, $\bar{\varphi}_2$ sind die Störungen der Winkel α, β und γ.

Infolge der Elastizität der Wellen in den Lagern I und III verschieben sich die Punkte A_o und B_o in die Lagen A_o^* und B_o^*, vgl. Abbildung 2a, b, und die Verschiebungen in Richtung der Koordinatenachsen seien mit x_1, y_1 bzw. x_3, y_3 bezeichnet: Sie stellen zusammen mit dem Kurbelwinkel α die fünf Lagrangeschen Koordinaten des Problems dar. [1] Durch diese Verschiebungen ändert sich die Steglänge von $d = A_oB_o$ in $d^* = A_o^*B_o^*$, wobei aber d^* nicht konstant ist.

2. Winkeländerungen

In der ausgelenkten Lage, Abbildung 2a, bilden die Mittellinien der einzelnen Glieder mit der neuen 'Steg'-Mittellinie die Winkel α^*, β^*, γ^*. Die Auslenkungen sind klein, also auch die Winkeländerungen $\varphi_1 = \alpha - \alpha^*$, $\varphi_2 = \gamma - \gamma^*$, $\varphi_3 = \beta - \beta^*$. Hierbei bildet der neue Steg mit der x-Achse einen Winkel φ, der auch gleich φ_1 ist, da ja der Drehwinkel α ungeändert bleiben soll. Es ist $\operatorname{tg}\varphi = \frac{y_3 - y_1}{d + (x_3 - x_1)}$ oder, da die Auslenkungen klein sind, gilt auch

$$\varphi = (y_3 - y_1)/d. \qquad (1)$$

Die 'Steglänge' ändert sich von d auf d^* um s, so daß aus $d^{*2} = (y_3 - y_1)^2 + [d + (x_3 - x_1)]^2$ auf Grund der Näherung die Änderung s zu

1. Der Mechanismus hat drei Glieder (1, 2, 3) und zwei Gelenke (A u. B), also beträgt der Freiheitsgrad $f = 3 \cdot 3 - 2 \cdot 2 = 5$.

$$s = x_3 - x_1 \tag{2}$$

folgt; denn es ist

$$\frac{d^*}{d} = \sqrt{\left(\frac{y_3 - y_1}{d}\right)^2 + 1 + 2\,\frac{x_3 - x_1}{d} + \left(\frac{x_3 - x_1}{d}\right)^2}$$

$$\approx \sqrt{1 + 2\,\frac{x_3 - x_1}{d}} \approx 1 + \frac{x_3 - x_1}{d},$$

also $s = d^* - d = d\left[1 - \left(1 + \frac{x_3 - x_1}{d}\right)\right] = x_3 - x_1.$

Nun läßt sich doch aus dem rechtwinkeligen Dreieck $A^*E^*B^*$, in welchem B^*E^* senkrecht $A_o^*B_o^*$ steht, vgl. Abbildung 2c, die Beziehung

$$c^2 = (d^* - a\cos\alpha^* + b\cos\beta^*)^2 + (b\sin\beta^* - a\sin\alpha^*)^2$$

oder

$$-2a\,d^*\cos\alpha^* + 2bd^*\cos\beta^* - 2ab\cos(\beta^* - \alpha^*) + a^2 + b^2 - c^2 + d^{*2} = 0 \tag{3}$$

entwickeln, also eine Beziehung [2] zwischen α^*, β^*, d^* in der Form $f(\alpha^*, \beta^*, d^*) = 0$ nach Elimination des Winkels γ^*.

Zur Ermittlung der Winkeländerung φ_3 beachte man, daß diese klein ist, also das Differential $d\beta^*$ durch $-\varphi_3$, ebenso $d\alpha^*$ durch $-\varphi_1 = -\varphi$ und ∂d^* durch s ersetzt werden kann, also

$$-\frac{\partial f}{\partial\alpha^*}\varphi - \frac{\partial f}{\partial\beta^*}\varphi_3 + \frac{\partial f}{\partial d^*}s = 0 \tag{4}$$

für $\alpha = \alpha^*$, $\beta = \beta^*$ und $d = d^*$ geschrieben werden kann. Hieraus folgt

$$\varphi_3 = -\frac{\partial f/\partial\alpha^*}{\partial f/\partial\beta^*}\varphi + \frac{\partial f/\partial d^*}{\partial f/\partial\beta^*}s. \tag{5}$$

Nun gilt aber auch, wenn Gl. (3) für die ungestörte Stellung hingeschrieben wird,

$$\frac{d\beta}{d\alpha} = -\frac{\partial f/\partial\alpha}{\partial f/\partial\beta} = i_3 = i_3(\alpha) \tag{6a}$$

mit $i_3 = \omega_3 : \omega_1 = p:q$ als dem periodischen Übersetzungsverhältnis zwischen der Antriebswinkelgeschwindigkeit ω_1 und der Abtriebswinkelgeschwindigkeit ω_3, für das aus Abbildung 3a auch

$$i_3\ (\alpha) = \frac{a\ \sin\ (\ \alpha\ -\ \gamma\ )}{b\ \sin\ (\ \beta\ -\ \gamma\ )} \tag{6b}$$

abgelesen werden kann. Setzt man ferner $f_3\ (\alpha) = -\ d\ \frac{\partial f/\partial d}{\partial f/\partial \beta}$, und bildet man formal die einzelnen partiellen Ableitungen, so folgt zunächst

$$f_3\ (\alpha) = d\,\frac{d\ -\ a\ \cos\alpha\ +\ b\ \cos\beta}{b\ [d\ \sin\beta\ -\ a\ \sin\ (\beta - \alpha)]};$$

da aber nach Abbildung 3b

$$d\ \sin\beta\ -\ a\ \sin\ (\beta - \alpha) = c\ \sin\ (\beta - \gamma)$$

und nach Abbildung 3c

$$d\ -\ a\ \cos\alpha\ +\ b\ \cos\beta = c\ \cos\gamma$$

ist, auch

$$f_3\ (\alpha) = \frac{d\ \cos\gamma}{b\ \sin\ (\beta - \gamma)}. \tag{6c}$$

Dann schreibt sich Gl. (5) unter Beachtung von Gl. (1) und (2) in der Form

$$\varphi_3 = i_3\ (\alpha)\ \varphi\ -\ f_3\ (\alpha)\ \frac{s}{d} = \frac{y_3 - y_1}{d}\ i_3\ (\alpha) - \frac{x_3 - x_1}{d}\ f_3\ (\alpha). \tag{7}$$

Geht man nun in gleicher Weise nach Abbildung 2c von

$$b^2 = (d^* - a\ \cos\alpha^* -\ c\ \cos\gamma^*)^2 + (a\ \sin\alpha^* + c\ \sin\gamma^*)^2$$

oder

$$-2\ d^*\ (a\ \cos\alpha^*\ +\ c\ \cos\gamma^*)\ +\ 2\ ac\ \cos\ (\gamma^* - \alpha^*)\ +\ d^{*2} \\ +\ a^2\ +\ c^2\ -\ b^2 = 0, \tag{8}$$

also der Form $F\ (\alpha^*,\ \gamma^*,\ d^*) = 0$ aus, so erhält man ähnlich

$$-\frac{\partial F}{\partial \alpha^*}\,\varphi - \frac{\partial F}{\partial \gamma^*}\,\varphi_2 + \frac{\partial F}{\partial d^*}\,s = 0 \tag{9}$$

oder

$$\varphi_2 = -\frac{\partial F/\partial \alpha^*}{\partial F/\partial \gamma^*}\,\varphi + \frac{\partial F/\partial d^*}{\partial F/\partial \gamma^*}\,s \tag{10}$$

für $\alpha^* = \alpha$, $\gamma^* = \gamma$ und $d^* = d$. Hierin ist aber wieder der Faktor von φ gleich dem Übersetzungsverhältnis $i_2 = d\gamma/d\alpha = \omega_2 : \omega_1 = a:q^* = i_2\,(\alpha)$ zwischen Winkelgeschwindigkeit ω_2 der Koppel und ω_1 (wie oben unter Beachtung des Richtungssinns: So ist in Abbildung 3b die Zahl i_2 negativ). Führt man die Operationen im einzelnen durch, so entsteht mit den Beziehungen nach Abbildung 3b und d ähnlich wie oben

$$\varphi_2 = i_2\,(\alpha)\,\varphi - f_2\,(\alpha)\,\frac{s}{d} \tag{11a}$$

mit

$$i_2\,(\alpha) = -\frac{a\,\sin\,(\beta-\alpha)}{c\,\sin\,(\beta-\gamma)}\,,\quad f_2\,(\alpha) = \frac{d\,\cos\beta}{c\,\sin\,(\beta-\gamma)}\,. \tag{11b}$$

In den Gln. (7) und (11) sind die Winkeländerungen φ_3 bzw. φ_2 durch die Verschiebungen x_1, y_1, x_3, y_3 ausgedrückt, wobei ja diese mit φ und s durch die Gln. (1) und (2) verbunden sind.

Für die kinetische Energie des Systems benötigen wir die Koordinaten der Schwerpunkte im gestörten System und dazu auch die Winkel $\bar{\alpha}$, $\bar{\beta}$ und $\bar{\gamma}$ der betreffenden Glieder gegenüber der raumfesten x-Achse. Wir setzen an, vgl. a. Abbildung 2a,

$$\bar{\alpha} = \alpha + \bar{\varphi}_1 = \alpha,\quad \bar{\beta} = \beta + \bar{\varphi}_3 = \beta^* + \varphi\,,\quad \bar{\gamma} = \gamma + \bar{\varphi}_2 = \gamma^* + \varphi\,, \tag{12a}$$

d.h.

$$\bar{\varphi}_1 = 0,\ \bar{\varphi}_3 = \varphi - \varphi_3,\ \bar{\varphi}_2 = \varphi - \varphi_2, \tag{12b}$$

so daß nach den Gln. (6), (7) und (11) auch

$$\overline{\varphi}_3 = i_{13} \ \varphi + f_3 \ (\alpha) \ \frac{s}{d} \ , \tag{13a}$$

$$\overline{\varphi}_2 = i_{12} \ \varphi + f_2 \ (\alpha) \ \frac{s}{d} \tag{13b}$$

folgt. Hierin ist $i_{13} = 1 - i_3 = (\omega_1 - \omega_3)/\omega_1 = d/(p+d)$ oder nach Gl. (6b) und (c) unter Deutung der Strecken am Gelenkviereck (Abbildung 3a)

$$1 - i_3 = \frac{b \sin(\beta - \gamma) - a \sin(\alpha - \gamma)}{b \sin(\beta - \gamma)} = \frac{d \sin\gamma}{b \sin(\beta - \gamma)}, \tag{13c}$$

und ebenso $i_{12} = 1 - i_2 = (\omega_1 - \omega_2)/\omega_1$ oder nach Gl. (11b) unter entsprechender geometrischer Deutung (Abbildung 3b)

$$i_{12} = \frac{c \sin(\beta - \gamma) + a \sin(\beta - \alpha)}{c \sin(\beta - \gamma)} = \frac{d \sin\beta}{c \sin(\beta - \gamma)}. \tag{13d}$$

3 Geschwindigkeiten

a) Glied 1

Aus den Schwerpunktskoordinaten (Abb. 1 und 2a)

$$x_{s1} = x_1 + r_1 \cos(\alpha + \sigma_1), \ y_{s1} = y_1 + r_1 \sin(\alpha + \sigma_1) \tag{14}$$

folgen mit $\omega = \omega_1 = d\alpha/dt = \dot{\alpha}$ (= konstant nach den oben gemachten Voraussetzungen) die Geschwindigkeitskomponenten

$\dot{x}_{s1} = \dot{x}_1 - r_1 \sin(\alpha - \sigma_1)\omega$, $\dot{y}_{s1} = y_1 + r_1 \cos(\alpha + \sigma_1)\omega$

und damit das Geschwindigkeitsquadrat $v_{s1}^2 = \dot{x}_{s1}^2 + \dot{y}_{s1}^2$, also

$$v_{s1}^2 = \dot{x}_1^2 + \dot{y}_1^2 + r_1^2 \omega^2 - 2r_1\omega \left[\dot{x}_1 \sin(\alpha + \sigma_1) - \dot{y}_1 \cos(\alpha + \sigma_1)\right], \tag{15}$$

wie auch unmittelbar aus der Addition der Geschwindigkeitsvektoren hätte abgeleitet werden können.

b) Glied 3

Für Glied 3 gelten ähnliche Beziehungen wie für Glied1, nur ist dabei $\overline{\beta} = \beta + \overline{\varphi}_3$ nach Gl. (13a), also auch

$\dot{\bar{\beta}} = \bar{\omega}_3 = \dot{\beta} + \dot{\phi}_3 = \omega_3 + \dot{\phi}_3$ zu beachten. Es gilt

$$x_{s3} = d + x_3 + r_3 \cos(\bar{\beta} + \sigma_3),$$
$$y_{s3} = y_3 + r_3 \sin(\bar{\beta} + \sigma_3), \qquad (16)$$

so daß das Geschwindigkeitsquadrat auf

$$v_{s3}^2 = \dot{x}_3^2 + \dot{y}_3^2 + r_3^2\,\bar{\omega}_3^2 - 2r_3\,\bar{\omega}_3\,[\dot{x}_3 \sin(\bar{\beta} + \sigma_3) - \dot{y}_3 \cos(\bar{\beta} + \sigma_3)] \qquad (17)$$

führt.

c) Glied 2

Hier ergibt sich mit

$$x_{s2} = x_1 + a\cos\alpha + r_2 \cos(\bar{\gamma} + \sigma_2),$$

$$y_{s2} = y_1 + a\sin\alpha + r_2 \sin(\bar{\gamma} + \sigma_2) \qquad (18)$$

unter Beachtung von $\bar{\gamma} = \gamma + \bar{\varphi}_2$ nach Gl. (13b) und
$\dot{\bar{\gamma}} = \dot{\gamma} + \dot{\bar{\varphi}}_2 = \bar{\omega}_2 = \omega_2 + \dot{\bar{\varphi}}_2$ für das Geschwindigkeitsquadrat ein etwas längerer Ausdruck:

$$v_{s2}^2 = \dot{x}_1^2 + \dot{y}_1^2 + a^2\,\bar{\omega}^2 + r_2^2\,\bar{\omega}_2^2 - 2\,a\bar{\omega}\,(\dot{x}_1 \sin\alpha - \dot{y}_1\cos\alpha) \qquad (19)$$
$$- 2r_2\,\bar{\omega}_2\,[\,\dot{x}_1 \sin(\bar{\gamma} + \sigma_2) - \dot{y}_1\cos(\bar{\gamma} + \sigma_2) - a\omega\cos(\alpha - \bar{\gamma} - \sigma_2)]$$

B. Dynamik

1. Die kinetische Energie und ihre Ableitungen

Ist q_i die Lagrangesche Koordinate, E die kinetische Energie und K_{q_i} die Lagrangesche Kraft, so haben die Lagrangeschen Gleichungen die Form

$$\frac{d}{dt}\left(\frac{\partial E}{\partial \dot{q}_i}\right) - \frac{\partial E}{\partial q_i} = K_{q_i}, \qquad (20)$$

wobei in unserem Zusammenhang für die q_i die Koordinaten x_1, y_1, x_3, y_3, α einzusetzen sind.

Wir wollen die linke Seite gleich L_{qi} setzen und haben zu deren Ermittlung die kinetische Energie des Gesamtsystems sowie ihre entsprechenden Ableitungen zu bilden. Es gilt $E = E_1 + E_2 + E_3 = \Sigma E_i$, $i = 1, 2, 3$. Dabei ist nach dem Energiesatz

$$E_i = \frac{1}{2} \Theta_{si} \bar{\omega}_i^2 + \frac{1}{2} m_i v_{si}^2 = \frac{1}{2} \Theta_{si} \bar{\omega}_i^2 + \frac{1}{2} m_i r_i^2 \bar{\omega}_i^2 + \frac{1}{2} m_i \Phi_i$$

mit m_i als der Masse und Θ_{si} als dem auf den jeweiligen Schwerpunkt bezogenen Massenträgheitsmoment oder nach dem Satz von STEINER auch

$$E_i = \frac{1}{2} \Theta_{io} \bar{\omega}_i^2 + \frac{1}{2} m_i \Phi_i . \tag{22}$$

Darin bedeutet jetzt Θ_{io} das Massenträgheitsmoment des i-ten Gliedes und zwar bezogen auf A_o für $i = 1$, auf A für $i = 2$, auf B_o für $i = 3$, und ψ_i den Wert von v_{si}^2 aus den Gln. (15), (17) und (18), jeweils vermindert um $r_i^2 \bar{\omega}_i^2$.

Dann hat man die Formen

$$\frac{\partial E_i}{\partial \dot{q}_i} = \Theta_{io} \bar{\omega}_i \frac{\partial \bar{\omega}_i}{\partial \dot{q}_i} + \frac{1}{2} m_i \frac{\partial \Phi_i}{\partial \dot{q}_i} , \tag{23a}$$

$$\frac{\partial E_i}{\partial q_i} = \Theta_{io} \bar{\omega}_i \frac{\partial \bar{\omega}_i}{\partial q_i} + \frac{1}{2} m_i \frac{\partial \Phi_i}{\partial q_i} \tag{23b}$$

für $q_i = x_1, y_1, x_3, y_3, \alpha$, und daraus läßt sich die linke Seite der Lagrangeschen Gleichungen berechnen. Naturgemäß ergeben sich hierbei längere Ausdrücke, so daß auf eine Wiedergabe verzichtet sei, sondern nur zum Schluß die Endform der Bewegungsgleichungen mitgeteilt wird, zumal sich diese dann wieder anschaulich deuten lassen.

Allerdings werden hierbei gewisse Vernachlässigungen vorgenommen: So treten z.B. die Faktoren φ/d oder φ^2 auf. Da in φ die Veränderlichen x_i, y_i, $i = 1$ und 3 vorkommen, und zwar in der Form x_i/d bzw. y_i/d, hat man in den genannten Ausdrücken die Werte x_i/d bzw. y_i/d oder auch $(x_i/d)^2$ bzw. $(y_i/d)^2$. Da aber die Veränderlichen x_i und y_i als klein angenommen sind, demgegenüber aber d groß ist, können solche Ausdrücke ohne weiteres vernachlässigt werden.

In den unten angegebenen Bewegungsgleichungen sind dann noch gewisse Glieder R_{xi} bzw. R_{yi} angegeben, welche z.B. x_i/d enthalten. Diese werden, wie dort noch näher begründet, zum Schluß auch vernachlässigt.

2. Die Lagrangeschen Kräfte

Infolge der Durchbiegung der Welle, vgl. Abbildung 2a und b, treten elastische Rückstellkräfte auf, welche den Auslenkungen proportional angesetzt werden können. Die spezifischen Rückstellkräfte seien c_1 bzw. c_3. Ferner muß das Potential U_G der Gewichte G_1, G_2, G_3 beachtet werden: Es ist

$$U_G = G_1 Y_1 + G_2 Y_2 + G_3 Y_3, \tag{24}$$

worin die Y_i die Ordinaten der Schwerpunkte S_i in dem in Abbildung 2a eingetragenen Koordinatensystem sind. Es ist

$$U = G_1 \left[y_1 + r_1 \sin(\alpha + \sigma_1)\right] + G_2 \left[y_1 + a\sin\alpha + r_2 \sin(y + \sigma_2)\right] + G_3 \left[y_3 + r_3 \sin(\beta + \sigma_3)\right]. \tag{25}$$

Somit folgt für die Lagrangeschen Kräfte

$$K_{qi} = - c_1 q_i - \frac{\partial U}{\partial q_i}, \tag{26}$$

$$q_i = x_1, y_1, x_3, y_3. \quad ^{2)}$$

3. Die Differentialgleichungen der Bewegung

Führt man nun die angedeuteten Rechenoperationen mit den für die Energie und den Lagrangeschen Kräften angegebenen Formeln durch, so erhält man das folgende System von Differentialgleichungen für die Koordinaten x_1, y_1, x_3, y_3:

---

2. Auf die Lagrangesche Koordinate $q_i = \alpha$ wird in Abs. 5 noch eingegangen.

a)

$$(m_1 + m_2)\,\ddot{x}_1 + c_1\,x_1 + R_{x1} = P_{x1}\,(\alpha). \qquad (I)$$

Hierbei haben die Abkürzungen die folgenden Bedeutungen:

$$P_{x1}\,(\alpha) = X_{1T} + X_{1G}, \qquad (27a)$$

wobei, wie sich im einzelnen deuten läßt (in Übereinstimmung mit einer anderen Untersuchung [3]), X_{1T} die auf A_o in x-Richtung wirkende Kraftkomponente der Massenkräfte bei festgehaltenem Lager A_o und X_{1G} die auf A_o in x-Richtung wirkende Kraftkomponente der Eigengewichte darstellt. Hierbei ist

$$\begin{aligned} X_{1T}/\omega^2 &= m_1 r_1 \cos(\alpha + \sigma_1) + m_2 a\cos\alpha + m_2 r_2\, i_2^2 \cos(\gamma + \sigma_2) \\ &+ m_2 r_2\, i_2' \sin(\gamma + \sigma_2) - m_2 a\, r_2 \sin(\alpha - \gamma - \sigma_2) \cdot f_2/d \\ &+ \Theta_{30}\, i_3'\, f_3/d + \Theta_{20}\, i_2'\, f_2/d\,, \end{aligned} \qquad (27b)$$

[3]

$$X_{1G} = G_2 r_2 \cos(\gamma + \sigma_2)\, f_2/d + G_3 r_3 \cos(\beta + \sigma_3)\, f_3/d. \qquad (27c)$$

Ferner gilt

$$R_{x1} = \Phi_2\, f_2/d + \Phi_3\, f_3/d \qquad (27d)$$

mit

$$\Phi_2 = m_2\, \ddot{x}_1\, r_2 \sin(\gamma + \sigma_2) - m_2\, \ddot{y}_1\, r_2 \cos(\gamma + \sigma_2), \qquad (27e)$$

$$\Phi_3 = m_3\, \ddot{x}_3\, r_3 \sin(\beta + \sigma_3) - m_3\, \ddot{y}_3\, r_3 \cos(\beta + \sigma_3). \qquad (27f)$$

Auch diese Größen können mechanisch gedeutet werden: Nach dem Satz von EULER hat der Schwerpunkt S_2 die Beschleunigungskomponente

$$\mathfrak{b}_1 = \mathfrak{i}\, b_{x1} + \mathfrak{j}\, b_{y1} = \mathfrak{i}\, \ddot{x}_1 + \mathfrak{j}\, \ddot{y}_1,$$

---

3. Die Striche bedeuten Ableitungen nach α. So ist $i_2' = \varepsilon_2/\omega^2$ und $i_3' = \varepsilon_3/\omega^2$ mit ε_2, ε_3 als den Winkelbeschleunigungen der Glieder 2 und 3 im ungestörten Zustand.

mit $\mathfrak{i}$ und $\mathfrak{j}$ als den Einheitsvektoren in x- und y-Richtung, und Φ_2 stellt demnach das Moment der in S_2 angreifenden Kraft $m_2\, \mathfrak{b}_1$ in bezug auf den Punkt A dar. Dieses Moment kann durch ein Kräftepaar, angreifend in A bzw. B, und zwar parallel der Schwingenmittellinie ersetzt werden. Da A von dieser den Abstand $c \sin(\beta - \gamma)$ hat, ist $\frac{\Phi_2}{c \sin(\beta - \gamma)}$ der Betrag dieser Kräfte. Damit wirkt in A_o die gleiche Kraft, und die Multiplikation mit $\cos\beta$ liefert die Komponente in der x-Richtung. Dieser Wert entspricht aber genau $\Phi_2 f_2/d$. Denkt man sich nun diesen Anteil von R_{x1} auf die rechte Seite von Gl. (I) gebracht, also mit umgekehrtem Vorzeichen, so stellt $-\Phi_2\, f_2/d$ nichts anderes dar als die Wirkung der durch $\mathfrak{b}_1$ in S_2 angreifenden negativen Massenbeschleunigung auf A_o. In gleicher Weise läßt sich auch das Moment Φ_3 und der Anteil $\Phi_3\, f_3/d$ deuten. Dies gilt für die in den weiteren Gln. (II - IV) auftretenden Funktionen R_{y1}, R_{x3}, R_{y3}.

b)

$$(m_1 + m_2)\, \ddot{y}_1 + c_1\, y_1 + R_{y1} = P_{y1}\, (\alpha). \qquad \text{(II)}$$

Hierbei haben die Abkürzungen die folgende Bedeutung; sie lassen sich in gleicher Weise mechanisch deuten wie oben im einzelnen angegeben, so daß eine Wiederholung sich erübrigt:

$$P_{y1}\, (\alpha) = Y_{1T} + Y_{1G} \qquad \text{(28a)}$$

mit

$$\begin{aligned} Y_{1T}/\omega^2 = {} & m_1 r_1 \sin(\beta + \sigma_1) + m_2\, a \sin\alpha + m_2 r_2\, i_2^2 \sin(\gamma + \sigma_2) \\ & - m_2 r_2\, i_2' \cos(\gamma + \sigma_2) - m_2\, a\, r_2 \sin(\alpha - \gamma - \sigma_2)\, i_{12}/d \\ & + \Theta_{30}\, i_3'\, i_{13}/d + \Theta_{20}\, i_2'\, i_{12}/d, \end{aligned} \qquad \text{(28b)}$$

$$Y_{1G} = -(G_1 + G_2) + G_2 r_2 \cos(\gamma + \sigma_2)\, i_{12}/d + G_3 r_3 \cos(\beta + \sigma_2)\, i_{13}/d. \qquad \text{(28c)}$$

Ferner gilt

$$R_{y1} = \Phi_2\ i_{12}/d + \Phi_3\ i_{13}/d, \tag{28d}$$

Φ_2, Φ_3 vgl. Gl. (27e) und (f).

c)

$$m_3\ \ddot{x}_3 + c_3\ x_3 + R_{x3} = P_{x3}\ (\alpha) \tag{III}$$

mit den Abkürzungen

$$P_{x3}\ (\alpha) = X_{3T} + X_{3G}, \tag{29a}$$

$$\begin{aligned} X_{3T}/\omega^2 = {} & m_3 r_3\ i_3^2 \cos(\beta + \sigma_3) + m_3 r_3\ i_3' \sin(\beta + \sigma_3) \\ & + m_2 r_2\ a \sin(\alpha - \gamma - \sigma_2)\ f_2/d \\ & - \Theta_{30}\ i_3'\ f_3/d - \Theta_{20}\ i_2'\ f_2/d, \end{aligned} \tag{29b}$$

$$X_{3G} = - G_2 r_2 \cos(\gamma + \sigma_2)\ f_2/d - G_3 r_3 \cos(\beta + \sigma_3)\ f_3/d, \tag{29c}$$

ferner

$$R_{x3} = - \Phi_2\ f_2/d - \Phi_3\ f_3/d = - R_{x1}, \tag{29d}$$

Φ_2, Φ_3 vgl. Gl. (27e) und (f).

d)

$$m_3 \ddot{y}_3 + c_3\ y_3 + R_{y3} = P_{y3}\ (\alpha), \tag{IV}$$

$$P_{y3}\ (\alpha) = Y_{3T} + Y_{3G}, \tag{30a}$$

$$\begin{aligned} Y_{3T}/\omega^2 = {} & + m_3 r_3 i_3^2 \sin(\beta + \sigma_2) - m_3 r_3 i_3' \cos(\beta + \sigma_2) \\ & + m_2 r_2\ a \sin(\alpha - \gamma - \sigma_2)\ i_{12}/d \\ & - \Theta_{30}\ i_3'\ i_{13}/d - \Theta_{20}\ i_2'\ i_{12}/d, \end{aligned} \tag{30b}$$

$$Y_{3G} = - G_3 - G_2 r_2 \cos(\gamma + \sigma_2)\, i_{12}/d - G_3 r_3 \cos(\beta + \sigma_3)\, i_{13}/d$$

$$= - Y_{1G} - (G_1 + G_2 + G_3), \qquad (30c)$$

ferner

$$R_{y3} = - \Phi_2\, i_{12}/d - \Phi_3\, i_{13}/d = - R_{y1}\,, \qquad (30d)$$

Φ_2, Φ_3 vgl. Gl. (27e) und (f).

Die Funktionen X_{1T}, Y_{1T}, X_{3T}, Y_{3T} lassen sich zeichnerisch-rechnerisch leicht ermitteln, wie an anderer Stelle gezeigt [3], in gleicher Weise auch die Funktionen X_{1G}, Y_{1G}, X_{3G}, Y_{3G}.

4. Die Lösung der Differentialgleichungen

Es handelt sich um ein System von vier Differentialgleichungen zweiter Ordnung mit konstanten und mit periodisch veränderlichen Koeffizienten (infolge der Funktionen Φ_2 und Φ_3). Nun ist z.B. $\Phi_2\, f_2/d$, wie oben gezeigt, umgekehrt proportional $c \sin(\beta - \gamma)$, d.h. dem Abstand des Punktes A von der Schwingenmittellinie; ebenso ist $\Phi_3\, f_3/d$ umgekehrt proportional $b \sin(\beta - \gamma)$, d.h. dem Abstand des Punktes B_o von der Koppelmittellinie. Diese Abstände sind jedoch groß gegenüber den Verschiebungen x_1, y_1, x_3, y_3, so daß das Verhältnis dieser Verschiebungen zu den Abständen als klein gegenüber den anderen in den Differentialgleichungen auftretenden Größen angesehen werden kann. Die hierdurch bedingte Vernachlässigung der Glieder R_{x1}, R_{y1}, R_{x3}, R_{y3} führt dann auf ein System von linearen Differentialgleichungen, deren Lösungen unschwer anzugeben sind. Allerdings fällt infolgedessen die Kopplung der Verschiebungen in A_o und B_o fort - nur sind die Erregungen nicht unabhängig voneinander.

Da die rechten Seiten der Differentialgleichungen periodische Funktionen des Kurbelweinkels α sind, entwickeln wir diese in Fourierreihen und machen dabei den Ansatz

$$P_{\mu(\alpha)} = {}_{\mu}A_o + \sum_{n=1,2,} ({}_{\mu}A_n \cos n\alpha + {}_{\mu}B_n \sin n\alpha), \qquad (31)$$

$\mu = x_1, y_1, x_3, y_3$.[4] Hierbei können die Fourierkoeffizienten noch unterteilt werden in

$$\begin{aligned} {}_{\mu}A_n &= {}_{\mu}A^*_n\,\omega^2 + {}_{\mu}A^{**}_n, \quad n = 0, 1, 2, \dots, \\ {}_{\mu}B_n &= {}_{\mu}B^*_n\,\omega^2 + {}_{\mu}B^{**}_n, \quad n = 1, 2, \dots, \end{aligned} \qquad (32)$$

da die durch die Massenkräfte hervorgerufenen Komponenten der Kräfte in den Lagern proportional ω^2 sind. Liegt das Getriebe waagerecht, so fallen die Einflüsse der Eigengewichte G_i heraus und damit auch die Komponenten ${}_{\mu}A^{**}_n$ und ${}_{\mu}B^{**}_n$.

Da die Gln. (I) und (II), bzw. (III) und (IV) gleichartig gebaut sind, empfiehlt sich eine vektorielle Darstellung: Multipliziert man z.B. Gl. (I) mit $\mathfrak{i}$ als dem Einheitsvektor in der x-Richtung und Gl. (II) mit $\mathfrak{j}$, dem Einheitsvektor in der y-Richtung, so folgt hieraus durch Addition, wenn

$$\mathfrak{i}x_1 + \mathfrak{j}y_1 = \bar{\mathfrak{g}}_1, \quad \mathfrak{P}_1 = \mathfrak{i}P_{x1} + \mathfrak{j}P_{y1} \qquad (33a)$$

geschrieben und außerdem gleichzeitig noch x_1, y_1 und damit $\bar{\mathfrak{g}}_1$ als Funktion des Kurbelwinkels α dargestellt werden,

$$m_{12}\,\omega^2\,\bar{\mathfrak{g}}_1'' + c_1\,\bar{\mathfrak{g}}_1 = \mathfrak{P}_1, \qquad (33b)$$

wobei auch nach Gl. (31)

$$\mathfrak{P}_1 = {}_1\mathfrak{A}_o + \sum_{n=1,2,..} ({}_1\mathfrak{A}_n \cos n\alpha + {}_1\mathfrak{B}_n \sin n\alpha) \qquad (33c)$$

geschrieben werden kann und z.B. ${}_1\mathfrak{A}_n = \mathfrak{i}_{x1}A_n + \mathfrak{j}_{y1}A_n$ ist.

---

4. Die vorübergehende Häufung der Indices läßt sich hier leider nicht vermeiden

Geht man nunmehr mit dem Ansatz

$$\bar{g}_1 = {}_1\mathfrak{a}_o + \sum_{n = 1,2,3...} ({}_1\mathfrak{a}_n \cos n\alpha + {}_1\mathfrak{b}_n \sin n\alpha) \qquad (34)$$

in die Gl. (33b) ein, so folgt durch Vergleich der Koeffizienten

$${}_1\mathfrak{a}_o = {}_1\mathfrak{A}_o/c_1 = ({}_1\mathfrak{A}^*_o\, \omega^2 + {}_1\mathfrak{A}^{**}_o)/c_1 \, , \qquad (35a)$$

$${}_1\mathfrak{a}_n = \frac{{}_1\mathfrak{A}_n}{c_1 - m_{12}\, n^2 \omega^2} \, , \quad {}_1\mathfrak{b}_n = \frac{{}_1\mathfrak{B}_n}{c_{12} - m_{12}\, n^2 \omega^2} \, , \qquad (35b)$$

n = 1,2.... Beachtet man ferner die Aufteilung nach Gl. (32) und führt noch den Parameter

$$\lambda_1 = \omega/\omega_{e1} = \text{Kreisfrequenz der Erregung/Kreisfrequenz der Eigenschwingung} \qquad (35c)$$

mit $\omega_{e1}^2 = c_1/m_{12}$ ein, so hat man auch

$${}_1\mathfrak{a}_n = \frac{{}_1\bar{\mathfrak{A}}^*_n\, \lambda_1^2 + {}_1\bar{\mathfrak{A}}^{**}_n}{1 - \lambda_1^2\, n^2} \, ,$$

$${}_1\mathfrak{b}_n = \frac{{}_1\bar{\mathfrak{B}}^*_n\, \lambda_1^2 + {}_1\bar{\mathfrak{B}}^{**}_n}{1 - \lambda_1^2\, n^2} \, , \qquad (35d)$$

wonach auch die Komponenten ${}_{x1}a_n$, ${}_{y1}a_n$ usw. leicht anzugeben sind. Hierbei wurde noch zur Abkürzung geschrieben

$${}_1\bar{\mathfrak{A}}^*_n = {}_1\mathfrak{A}^*_n / m_{12} \, , \quad {}_1\bar{\mathfrak{A}}^{**}_n = {}_1\mathfrak{A}^{**}_n / c_1 \; ; \qquad (35e)$$

ein entsprechender Ansatz gilt für die $\mathfrak{B}$.

Die Auslenkung $\bar{g}_1$ nach Gl. (34) läßt sich auch in der Form

$$g_1 = {}_1\mathfrak{a}_o + \sum_{n = 1,2,..} {}_1\mathfrak{z}_n \qquad (36a)$$

schreiben, wobei ${}_1\mathfrak{z}_n$ den Vektor

$$ {}_1\mathfrak{z}_n = {}_1\mathfrak{a}_n \cos n\alpha + {}_1\mathfrak{b}_n \sin n\alpha \qquad (36b) $$

darstellt. Hierin ist der Anteil ${}_1\mathfrak{a}_0$ bei bestimmten ω ein konstanter Vektor, der allerdings nicht als statische Durchbiegung angesehen werden kann, da selbst bei Fortfall des Gewichtsanteils nach Gl. (35a) doch ${}_1\mathfrak{a}_0$ proportional ω^2 ist. Hinzu addieren sich die Vektoren ${}_1\mathfrak{z}_n$, vgl. Abbildung 4 (dort n = 1, 2, 3). Es fällt aber der Vektor $\bar{g}_1$ nicht in die Richtung der Kraft $\mathfrak{P}_1$. Dies wäre nur der Fall, wenn die Nenner in Gl. (35b) (oder 35d) unabhängig von n wären.

Auch läßt sich die Entwicklung nicht nach n = 1 abbrechen; denn andere Untersuchungen [4, 5, 6, 7, 8, 9, 10] zeigen, daß die höheren Harmonischen z.B. der Abtriebswinkel durchaus noch merkbar sind und daher auch nicht vernachlässigt werden können. Im allgemeinen dürfte n = 1, 2, 3 ausreichen.

Betrachtet man den Vektor ${}_1\mathfrak{z}_1 = {}_1\mathfrak{a}_1 \cos\alpha + {}_1\mathfrak{b}_1 \sin\alpha$ in Funktion von α, so wandert seine Spitze auf einer Ellipse, die einmal durchlaufen wird, wenn α von 0 bis 2π geht. Entsprechend wandert die Spitze von ${}_1\mathfrak{z}_n$ auf einer Ellipse, die in diesem Intervall n-mal durchlaufen wird [11]. Das heißt, der Durchstoßpunkt A_0 bewegt sich zwar auf einer geschlossenen Kurve, welche in dem genannten Intervall einmal durchlaufen wird, aber nicht auf einem Kreis.

Der Betrag des Vektors $\bar{g}_1$ hängt naturgemäß von der Winkelgeschwindigkeit ω ab, wie z.B. die Komponenten

$$ {}_{x1}a_n = \frac{{}_{x1}a_n^{*}\,\lambda_1^2 + {}_{x1}a_n^{**}}{1 - \lambda_1^2\, n^2}\,, \qquad (37) $$

in Funktion von α_1 in bekannter Weise erkennen lassen.

So ist für kleine ω, d.h. ω und damit $\lambda \approx 0$ die Verschiebung ${}_{x1}a_n^{**}$ nur von dem Einfluß des Eigengewichtes abhängig (auch ${}_{x1}a_0$). Es ist

$$ {}_{x1}a_n^{**} = {}_{x1}A_n^{**}/c_1 \quad (n = 0,1,2,..). $$

Die Fourierreihe für x_1 ist hiernach, vgl. Gl. (27d), nichts anderes als X_{1G}/c_1, stellt also nur die Durchbiegung in x-Richtung infolge der Kraft X_{1G} dar; d.h. unter Beachtung der y-Komponente stellt jetzt $\bar{g}_1$ nur die Durchbiegung infolge der Eigengewichte G_1, G_2, G_3 dar; sie fällt auch in Richtung der Kraft $\mathfrak{R}_{G1} = \mathfrak{i} X_{1G} + \mathfrak{j} Y_{1G}$.

Gleiche Entwicklungen gelten für die Bewegung des Punktes B_0, wobei $\omega_{e3}^2 = c_3/m_3$ und $\lambda_3 = \omega/\omega_{e3}$ ist. Resonanz tritt, wie bekannt, für $\lambda_1 = 1/n$ und $\lambda_3 = 1/n$, d.h. für $\omega = \omega_{e1}/n$ und $\omega = \omega_{e3}/n$ auf.

Für große ω bzw. λ_1 nähert sich ${}_{x1}a_n$ dem konstanten Wert ${}_{x1}a_n^* = -{}_{x1}\bar{A}_n^*/n^2 = -{}_{x1}A_n^*/n^2 m_{12}$ oder ${}_1\mathfrak{z}_n$ dem Vektor ${}_1\mathfrak{z}_n = -({}_1\mathfrak{A}_n^* \cos n\alpha + {}_1\mathfrak{B}_n^* \sin n\alpha)/n^2 m_{12}$.

Es kann somit hier nicht von einer Selbstzentrierung gesprochen werden, wie bei dem klassischen Fall des Einmassensystems, der hier erhalten würde, wenn $m_2 = m_3$ gleich Null und $c_3 = \infty$ gesetzt würde. Hinzu kommt, daß das konstante Glied ${}_1\mathfrak{A}_0$ nach Gl. (35a) nicht verschwindet - es sei denn, daß ${}_1\mathfrak{A}_0^*$ gleich Null ist.

Dies läßt sich auch allgemein zeigen: Führt man in den Gln. (I) bis (IV) als Veränderliche den Kurbelwinkel α ein, so daß z.B. $\ddot{x}_1 = \omega^2 \cdot x_1''(\alpha)$ wird, läßt man dann ω nach unendlich gehen und addiert man die hierdurch umgeformten Gln. (I) und (III), sowie (II) und (IV), so erhält man Gleichungen der Form

$$m_{12}\, x_1'' + m_3\, x_3'' = m_1 \bar{b}_{S1x} + m_2 \bar{b}_{S2x} + m_3 \bar{b}_{S3x},$$

$$m_{12}\, y_1'' + m_3\, y_3'' = m_1 \bar{b}_{S1y} + m_2 \bar{b}_{S2y} + m_3 \bar{b}_{S3y}.$$

Multipliziert man die erste dieser Gleichungen mit dem Einheitsvektor $\mathfrak{i}$, die zweite mit dem Einheitsvektor $\mathfrak{j}$, so erhält man die Beziehung

$$m_{12} \bar{\mathfrak{b}}_1 + m_3 \bar{\mathfrak{b}}_3 = m_1 \bar{\mathfrak{b}}_{S1} + m_2 \bar{\mathfrak{b}}_{S2} + m_3 \bar{\mathfrak{b}}_{S3} .$$

mit $\bar{\mathfrak{b}}_1 = \bar{g}_1''$ und $\bar{\mathfrak{b}}_3 = \bar{g}_3''$ als der Beschleunigung von A_0 bzw. B_0, $\bar{\mathfrak{b}}_{Si}$ als den Beschleunigungen der Schwerpunkte S_i für $\omega = 1$. Integriert man diese Gleichung, so folgt

$$m_{12}\; \bar{g}_1 + m_3\; \bar{g}_3 = m_1\; \mathfrak{r}_{S1} + m_2\; \mathfrak{r}_{S2} + m_3\; \mathfrak{r}_{S3}.$$

Nun ist die Lage des Gesamtschwerpunktes S der drei Glieder durch den Vektor $\mathfrak{r}_S$ gegeben, der aus

$$(m_1 + m_2 + m_3)\ \mathfrak{r}_S = m_1\, \mathfrak{r}_{S1} + m_2\, \mathfrak{r}_{S2} + m_3\, \mathfrak{r}_{S3}$$

folgt. Dies liefert aber

$$\nu_1\, \bar{g}_1 + \nu_3\, \bar{g}_3 = \mathfrak{r}_S \text{ mit } \nu_1 = \frac{m_1 + m_2}{m}\ ;\quad \nu_2 = \frac{m_3}{m}\ ,$$

d.h., die geometrische Summe der Vektoren $\nu_1\, \bar{g}_1$ und $\nu_3\, \bar{g}_3$ liefert den Vektor $\mathfrak{r}_S$ des Gesamtschwerpunktes; weder $\bar{g}_1$ noch $\bar{g}_3$ verschwinden sonach ständig.

Die vorstehend für die Auslenkung des Punktes A_o entwickelten Formeln gelten in gleicher Weise für die des Punktes B_o, nur ist der Index 1 durch den Index 3 zu ersetzen, so z.B. ${}_{x1}a_n$ durch ${}_{x3}a_n$.

5. Die Annahme konstanter Winkelgeschwindigkeit des Antriebes

Die Differentialgleichungen (I) bis (IV) sind unter der Voraussetzung abgeleitet, daß die Winkelgeschwindigkeit des Antriebes konstant ist. Diese Voraussetzung fordert aber, daß an der Antriebskurbel 1 ein gewisses äußeres Moment M_α aufzubringen ist. Dieses ergibt sich aus der Lagrangeschen Gleichung für die fünfte Lagrangesche Koordinate, d.h. für $q_i = \alpha$.

Es wird dann mit $\dot{\alpha} = \omega$

$$\frac{d}{dt}\left(\frac{\partial E}{\partial \omega}\right) - \frac{\partial E}{\partial \alpha} = M_\alpha - \frac{\partial U}{\partial \alpha}\ ,$$

und führt man diese Operation durch, so folgt schließlich (innerhalb der oben angegebenen Vernachlässigungen)

$$\begin{aligned} M = {} & - \Phi_1 - \Phi_{12} - \Phi_3 + \Theta_{20}\, \omega^2\, i_2'\, i_2 + \Theta_{30}\, \omega^2\, i_2'\, i_2 \\ & + m_2 r_2 \omega^2 \left[i_2'\, a \cos(\alpha - \gamma - \sigma_2) - i_2^2\, a \sin(\alpha - \gamma - \sigma_2)\right] \\ & + m_2\, a\, \omega^2\, i_2\, r_2 \sin(\alpha - \gamma - \sigma_2) + G_1 r_1 \cos(\alpha + \sigma_1) \\ & + G_2\, a \cos\alpha\ , \qquad (38) \end{aligned}$$

ein offensichtlich langwieriger Ausdruck, in welchem neben Φ_3 aus Gl. (27f) noch

$$\Phi_1 = m_1\ddot{x}_1\ r_1\sin(\alpha + \sigma_1) - m_1\ \ddot{y}_1\ r_1\cos(\alpha + \sigma_1), \qquad (39a)$$

und

$$\Phi_{12} = m_2\ \ddot{x}_1\ a\ \sin\alpha - m_2\ \ddot{y}_1\ a\ \cos\alpha \qquad (39b)$$

eingeführt wurden, Funktionen, die auch ω^2 proportional sind, da z.B. $\ddot{x}_1 = \omega^2\ x_1''$ ist.

Die Existenz des periodisch veränderlichen Momentes M_α zeigt, daß zwar die gefundenen Lösungen Näherungen darstellen, jedoch Näherungen, die den wesentlichen Verlauf darstellen dürften.

Um zu weiteren Untersuchungen zu kommen - hier sei im einzelnen nicht darauf eingegangen - könnte man annehmen, daß die Winkelgeschwindigkeit ω mit kleinem Betrag um einen gewissen konstanten Wert ω_o schwankt, so daß $\omega = \dot{\alpha} = \omega_o + \psi$, also $\alpha = \alpha_o + \psi$ und $\dot{\omega} = \ddot{\alpha} = \ddot{\psi}$ mit $\alpha_o = \omega_o t$ angesetzt werden kann [12, 8].

Dann ist jetzt die fünfte Koordinate durch die kleine Störung ψ gegeben und nun könnte M_α als Null vorausgesetzt werden oder man bezieht den antreibenden Motor mit ein, oder man geht von einem bestimmten äußeren Moment M_α aus, um nunmehr aus dem System der fünf Differentialgleichungen nicht nur x_i, y_i $(i = 1$ und $3)$ sondern auch ψ zu berechnen.

6. Beispiel

Einem Beispiel lagen die folgenden Abmessungen zugrunde:
$b = c = d = 2a = 150$ mm; $\sigma_1 = \sigma_2 = \sigma_3 = 0$; $r_2 = c/2$, $r_1 = 0$, $r_3 = 0{,}4b$.
Die Schwerpunkte liegen also auf den Mittellinien der einzelnen Getriebeglieder, die Kurbel ist ausgewuchtet und der Koppelschwerpunkt S_2 fällt in den Mittelpunkt der Strecke AB. Ferner war

$$m_1 + m_2 = m_{12} = 8{,}15 \cdot 10^{-3}\ [\text{kg s}^2/\text{cm}]$$

$$m_3 = 8{,}15 \cdot 10^{-3}\ [\text{kg s}^2/\text{cm}]$$

$$m_2/m_3 = 0{,}5; \quad \frac{\Theta_{2o}/c^2}{m_2} = 0{,}4; \quad \frac{\Theta_{3o}/b^2}{m_3} = 0{,}4.$$

Danach ergab sich zunächst für die Komponenten der bezogenen Massenkräfte in der x- und y-Richtung der in Abbildung 5 dargestellte Verlauf, ebenso in Abbildung 6 der entsprechende Verlauf für das Lager B_o. Den Einfluß der Gewichte auf die Lagerbeanspruchungen A_o bzw. B_o zeigt Abbildung 7. Die Federkonstanten betrugen $c_1 = c_3 = 14{,}4$ kg/cm und lieferten, da $m_{12} = m_3$ und $c_1 = c_3$ gewählt wurden, je zwei zusammenfallende kritische Drehzahlen, und zwar

$$n_{krit\ 1} = 400\ \text{U/min},\ n_{krit\ 3} = 133\ \text{U/min}$$

$$n_{krit\ 2} = 200\ \text{U/min},\ n_{krit\ 4} = 100\ \text{U/min}$$

unter Beachtung der ersten vier Harmonischen. Die Ergebnisse für verschiedene Drehzahlen unter Beachtung der ersten vier Harmonischen sind in den folgenden Bildern (vgl. Tab. 1) dargestellt. Hierbei wurden kartesische Koordinaten sowie Polarkoordinaten gewählt mit dem Kurbelwinkel α als unabhängig Veränderlicher.

Tabelle 1

	n = 170 U/min	n = 300 U/min	n = 550 U/min
Verlauf der Lagerkraft $\mathfrak{A}_o$	Abb. 8	Abb. 14	Abb. 20
Wegkomponenten x_1, y_1 des Punktes A_o	Abb. 9	Abb. 15	Abb. 21
Auslenkung $\bar{g}_1$ des Punktes A_o	Abb. 10	Abb. 16	Abb. 22
Verlauf der Lagerkraft $\mathfrak{B}_o$	Abb. 11	Abb. 17	Abb. 23
Wegkomponenten x_3, y_3 des Punktes B_o	Abb. 12	Abb. 18	Abb. 24
Auslenkung $\bar{g}_3$ des Punktes B_o	Abb. 13	Abb. 19	Abb. 25

Die Polardiagramme für die Kräfte $\mathfrak{A}_o$ und $\mathfrak{B}_o$ in den Lagern ändern sich der Form nach bei den verschiedenen Drehzahlen nur wenig, da der Einfluß der Eigengewichte relativ klein ist.

7. Sonderfälle

7.1 Vereinfachungen

Gewisse Vereinfachungen treten auf, wenn die Glieder 1 und 3 zentrisch angebracht sind, also $r_1 = r_3 = 0$ gesetzt werden kann. Dann bleibt jedoch nur der Einfluß des Trägheitsmomentes Θ_{30} und des Gliedes 2 bestehen. Weitere Vereinfachungen würden folgen, wenn S_2 mit A zusammenfällt. Dann fallen die Glieder R_{pq}, $p = x,y$ und $q = 1, 3$ ganz fort.

7.2 Weitere Schwingungssysteme

Da bei dem behandelten Problem die Federkonstanten in der x- und in der y-Richtung jeweils die gleichen sind ($c_{1x} = c_{1y} = c_1$, $c_{3x} = c_{3y} = c_3$), werden durch die vorstehenden Entwicklungen auch die Schwingungen erfaßt, welche entstehen, wenn die Lager A_o und B_o in der x- oder y-Richtung elastisch gelagert sind, vgl. Abbildung 26a/h und die folgende Tabelle 2.

Tabelle 2

Koordinate bzw. Diffgl.	Abbildung 14a	14b	14c	14d	14e	14f	14g	14h
x_1			x_1		x_1		x_1	
y_1				y_1		y_1		y_1
x_3	x_3				x_3			x_3
y_3		y_3				y_3	y_3	
Diffgl. Nr.	III	IV	I	II	I, III	II, IV	I, IV	II, III

Es sind also in den Differentialgleichungen jeweils nur die in den betreffenden Spalten angegebenen Veränderlichen zu berücksichtigen -naturgemäß auch in der Formel für das Moment M_α. -

Die in Tabelle 2 bzw. in Abbildung 26a/h dargestellten Fälle können auch durch ein System und ein Gleichungspaar zusammengefaßt werden, vgl. Abbildung 27: Die Auslenkungen der Federn in den Richtung $\varkappa_1$ bzw. $\varkappa_3$ lassen sich durch

$$\xi_i = x_i \cos \varkappa_i + y_i \sin \varkappa_i$$

unter Beachtung von

$$x_i = \xi_i \cos \varkappa_i, \; y_i = \xi_i \sin \varkappa_i,$$

$i = 1$ und 3, ausdrücken. Multipliziert man dann Gl. (I) mit $\cos \varkappa_1$, Gl. (II) mit $\sin \varkappa_1$ bzw. Gl. (III) mit $\cos \varkappa_3$ und Gl. (IV) mit $\sin \varkappa_3$ und addiert die Gleichungen mit jeweils gleichem Index, so erhält man die beiden Differentialgleichungen

$$(m_1 + m_2)\, \ddot{\xi}_1 + c_1 \xi_1 + R_{\xi 1} = P_{\xi 1}, \tag{V}$$

$$m_3 \ddot{\xi}_3 + c_3 \xi_3 + R_{\xi 3} = P_{\xi 3}, \tag{VI}$$

wobei

$$P_{\xi i} = P_{xi} \cos \varkappa_i + P_{yi} \sin \varkappa_i, \tag{40}$$

$$R_{\xi i} = R_{xi} \cos \varkappa_i + R_{yi} \sin \varkappa_i \tag{41}$$

ist, $i = 1$ und 3, also im einzelnen ausgewertet:

$$R_{\xi 1} = \ddot{\xi}_1 F_{21}(\alpha) + \ddot{\xi}_3 F_{31}(\alpha) \tag{42a}$$

mit

$$F_{21} = m_2 r_2 \left(\frac{f_2}{d} \cos \varkappa_1 + \frac{i_{12}}{d} \sin \varkappa_1\right) \sin(\gamma + \sigma_2 - \varkappa_1) \tag{42b}$$

$$F_{31} = m_3 r_3 \left(\frac{f_3}{d} \cos \varkappa_1 + \frac{i_{13}}{d} \sin \varkappa_1\right) \sin(\beta + \sigma_3 - \varkappa_3), \tag{42c}$$

sowie

$$R_{\xi 3} = \ddot{\xi}_1 F_{23}(\alpha) + \ddot{\xi}_3 F_{33}(\alpha) \tag{43a}$$

mit

$$F_{23} = - m_2 r_2 \left(\frac{f_2}{d} \cos \varkappa_3 + \frac{i_{12}}{d} \sin \varkappa_3\right) \sin(\gamma + \sigma_2 - \varkappa_1), \tag{43b}$$

$$F_{33} = - m_3 r_3 \left(\frac{f_3}{d} \cos \varkappa_3 + \frac{i_{13}}{d} \sin \varkappa_3\right) \sin(\beta + \sigma_2 - \varkappa_3). \tag{43c}$$

Für $\varkappa_i = 0$ oder $\pi/2$ werden dann die in der Tabelle angegebenen Sonderfälle erhalten.

In den hier behandelten Fällen sind gegebenenfalls die Massen der Lager in A_o und B_o zu berücksichtigen. Diese Massen m_{1o} bzw. m_{3o} nehmen nur an der Bewegung der Punkte A_o bzw. B_o teil, und setzt man $m_1 + m_2 + m_{1o} = m_{12} + m_{1o} = m_1^*$, ferner $m_3 + m_{3o} = m_3^*$, so ist in den Gln. I, II und V m_{12} durch m_1^* und in den Gln. III, IV und V m_3 durch m_3^* zu ersetzen.

Beim Modell einer Kurbelschwinge [5)] waren die Lager A_o und B_o in allen Richtungen der x-y-Ebene elastisch gelagert, vgl. Abbildung 28, und es zeigten sich tatsächlich je vier Resonanzen; d.h. auch die vierte Harmonische übte noch ihren Einfluß aus. Die Resonanzen waren ausgeprägt, so daß der Einfluß der Glieder R_{x1}, R_{y1} tatsächlich hierbei vernachlässigbar klein war.

7.3 Die Kurbelschleife

Eine Kurbelschleife entsteht aus einer Kurbelschwinge, wenn B nach unendlich geht, Abbildung 29a,b also $b \rightarrow \infty$, $c \rightarrow \infty$, aber $c - b = e = \overline{SA}$ endlich bleibt.

Es wird $\beta = \gamma$, d.h. $i_2 = i_3$ oder $i_2' = i_3'$ und die in den Entwicklungen vorkommenden Strecken $b \sin(\beta - \gamma)$ und $c \sin(\beta - \gamma)$ nähern sich dem Grenzwert $z = \overline{B_oS} = \overline{AS^*}$, wobei [13] die Gleitstrecke z aus

$$z^2 = a^2 + d^2 - 2ad \cos\alpha - e^2 \qquad (44)$$

folgt. Denn $b \sin(\beta - \gamma)$ war bei der Kurbelschwinge der senkrechte Abstand des Punktes B_o von der Koppelmittellinie AB, ebenso $c \sin(\beta - \gamma)$ der senkrechte Abstand des Punktes A von der Schwingenmittellinie B_oB. Diese Definition bleibt aber auch bei der Kurbelschleife bestehen, d.h. die Strecken sind hier gleich z.

5. Auf dem am 25. und 26. Oktober 1961 in Bad Kissingen vom VDI veranstalteten wissenschaftlichen Kolloquium vorgeführt

In der Ausführungsform nach Abbildung 29a ist $r_3 = 0$ und kann auch Θ_{3o} sowie G_3 vernachlässigt werden, während bei der Form nach Abbildung 29b $r_2 = 0$ wird und Θ_{2o} wie auch G_2 vernachlässigt werden kann.

Im übrigen bleiben die Differentialgleichungen mit diesen Vereinfachungen bzw. Veränderungen bestehen.

7.4 Die Schubkurbel

Geht bei der Kurbelschwinge B_o nach unendlich, d.h. gehen b und d nach unendlich, wobei $d - b = e$ endlich bleibt, so erhält man eine Schubkurbel mit der Exzentrizität e, vgl. Abbildung 30. Der Schwingenwinkel β wird gleich π und aus der Geschwindigkeit des Schwerpunktes S_3 wird die Geschwindigkeit v_B des Punktes B. Da v_B nach oben hin positiv sein soll, wird also jetzt mit $r_3 = b$ hier $\lim\,(r_3\omega_3) = - v_B$ und $\lim\,(r_3\dot{\omega}_3) = - b_B$, d.h. gleich der negativen Beschleunigung des Punktes B [14].

Ferner gilt hier

$$f_2/d = - 1/(c \sin\gamma), \qquad f_3/d = \cos\gamma/(b \sin\gamma) = 0,$$

$$i_{12}/d = 0 \qquad , \qquad i_{13}/d = 0 \qquad ,$$

und muß $x_3 = y_3 = 0$ gesetzt werden, so daß für die Biegungsschwingungen (und für die oben skizzierten Lagerschwingungen als Grundlage) nur die Gln. (I) und (II) auftreten.

In diesen verschwinden einige Glieder bzw. müssen einige Glieder durch andere ersetzt werden. So gilt z.B. für das in X_{1T} auftretende Glied, da hier $\Theta_{3s} = 0$ ist,

$$\frac{\omega^2\ \Theta_{3o}\ i_3'\ f_3}{d} = \frac{(\ \Theta_{3s} + m_3 r_3^{\ 2})\ \varepsilon_3\ f_3}{d} = \frac{m_3\ (r_3\varepsilon_3) r_3\ \cos\gamma}{b\ \sin\gamma}$$

oder da $b = r_3$ und $(r_3\varepsilon_3)$ in $- b_B$ übergeht, auch einfach $-m_3\ b_B \dfrac{\cos\gamma}{\sin\gamma}$.

Führt man als 'Übersetzungsverhältnis' bei der Schubbewegung [15] die Zahl $i_v = v_B/v_A = v_B/(a\,\omega)$ und $i_v' = b_B/b_A = b_B/(a\omega^2)$ ein, so ergeben sich durch entsprechende Überlegungen die folgenden Änderungen:

Gl. (27b): Statt + $\Theta_{30}\, i_3'\, f_3/d$ kommt - $m_3\, a\, i_v'\, \mathrm{ctg}\gamma$;

Gl. (27c): Das zweite Glied geht in - $G_3\, \mathrm{ctg}\gamma$ über;

Gl. (27d/f): $\Phi_3 = 0$ und $f_2/d = 1/(c \sin\gamma)$;

Gl. (28b): Die Glieder mit i_{12}/d verschwinden und

+ $\Theta_{30}\, i_3'\, i_{13}/d$ geht über in - $m_3\, a\, i_v'$;

Gl. (28c): $Y_{1G} = -(G_1 + G_2 + G_3)$;

Gl. (28d): $R_{y1} = 0$.

Hat die Gleitbahn eine andere Lage im Raum und soll diese immer der y-Achse parallel sein, so ändern sich die Komponenten X_{1G} und Y_{1G}. Diese sind jedoch unschwer anzugeben, da die Richtung der Eigengewichte dann nicht mehr parallel der y-Achse ist. Dies gilt in gleicher Weise, wenn der Steg bei der Kurbelschwinge nicht waagerecht liegt.

7.5 Die Doppelkurbel

Bei der Doppelkurbel liegen die Punkte A_o und B_o so dicht beieinander, daß sehr häufig eine Zapfenerweiterung benutzt wird. Dann kann von Biegungsschwingungen oder Schwingungen der einzelnen Lager für sich nicht die Rede sein, höchstens bei elastischer Lagerung von Gestellschwingungen, wie sie an anderer Stelle behandelt wurden [1].

Prof. Dr.-Ing. Walther Meyer zur Capellen

Literaturverzeichnis

[1] MEYER zur CAPELLEN, W. — Belastungen und Schwingungen in Kurbeltrieben durch Massenkräfte. Konstruktion Bd. 12 (1960) S. 17-19

[2] MEYER zur CAPELLEN, W. und K.A. RISCHEN — Lagenzuordnungen an ebenen Viergelenkgetrieben in analytischer Darstellung. Eine Maßsynthese. Forschungsbericht Nr. 923 des Landes Nordrhein-Westfalen (1960)

[3] MEYER zur CAPELLEN, W. — Zeichnerisch-rechnische Ermittlung von Massenkräften in Kurbeltrieben. Konstruktion Bd. 14 (1962)

[4] MEYER zur CAPELLEN, W. — Harmonische Analyse bei Kurbeltrieben, I. Allgemeine Zusammenhänge. Forschungsbericht Nr. 676 des Landes Nordrhein-Westfalen (1959)

[5] MEYER zur CAPELLEN, W. und E. LENK — Harmonische Analyse bei Kurbeltrieben, II. Gleichschenklige Getriebe. Forschungsbericht Nr. 803 des Landes Nordrhein-Westfalen (1960)

[6] MEYER zur CAPELLEN, W. und W. RATH — Die geschränkte Kurbelschleife, II. Die Harmonische Analyse. Forschungsbericht Nr. 804 des Landes Nordrhein-Westfalen (1960)

[7] RANKERS, H. — Angenäherte Getriebesynthese durch harmonische Analyse der vorgegebenen periodischen Bewegungsverhältnisse. Diss. TH Aachen 1958

[8] DINGERKUS, O. — Die Ungleichförmigkeit des Antriebes periodisch übersetzender Getriebe. Diss. TH Aachen 1960

[9] RATH, W. — Massenkräfte und Massenmomente bei sphärischen Kurbeltrieben mit Berücksichtigung der harmonischen Analyse. Diss. TH Aachen 1960

[10] LENK, E. — Instrumentelle Verfahren zur Harmonischen Analyse der Bewegungsfunktionen periodischer Getriebe. Diss. TH Aachen 1960

[11] MEYER zur CAPELLEN, W. — Zweidimensionale Fourieranalyse spezieller Koppelkurven. Z. angew. Math.Mech. Bd. 39 (1959) S. 31 - 40

[12] MEYER zur CAPELLEN, W. Die Energieverteilung in Kurbeltrieben. Z. Feinwerktechnik Bd. 64 (1960) S. 195 - 199

[13] MEYER zur CAPELLEN, W. Die geschränkte Kurbelschleife, I. Bewegungsverhältnisse. Forschungsbericht Nr. 718 des Landes Nordrhein-Westfalen (1959)

[14] MEYER zur CAPELLEN, W. und Mitarbeiter Bewegungsverhältnisse an der geschränkten Schubkurbel. Forschungsbericht Nr. 449 des Wirtschafts- und Verkehrsministeriums Nordrhein-Westfalen (1958)

[15] MEYER zur CAPELLEN, W. Die Extrema der Übersetzungen in ebenen und sphärischen Kurbeltrieben. Ing.-Arch. Bd. 27 (1959/1960) S. 352 _ 364

A n h a n g

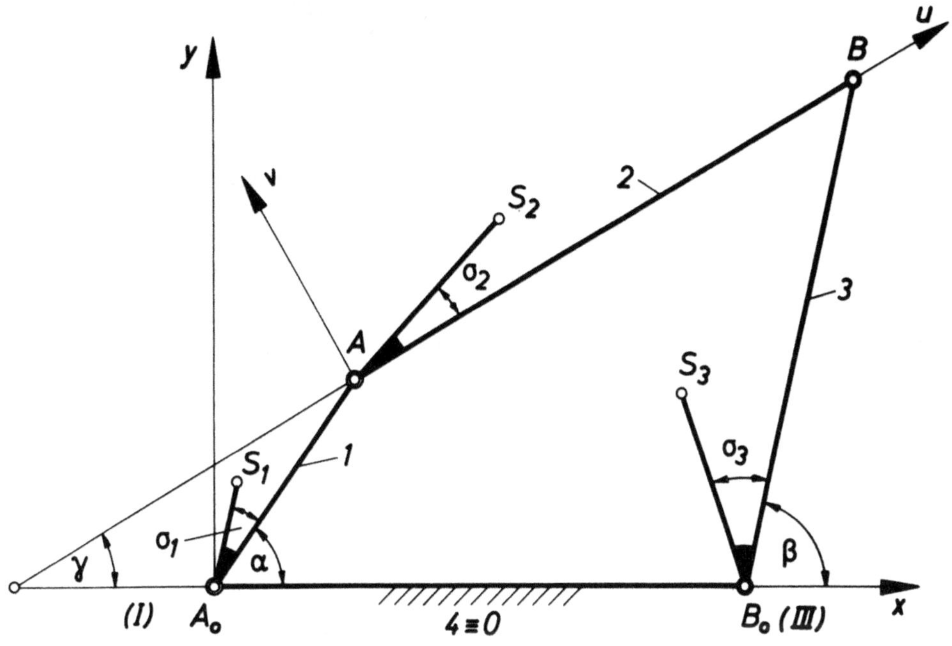

A b b i l d u n g 1
Bezeichnungen an der Kurbelschwinge

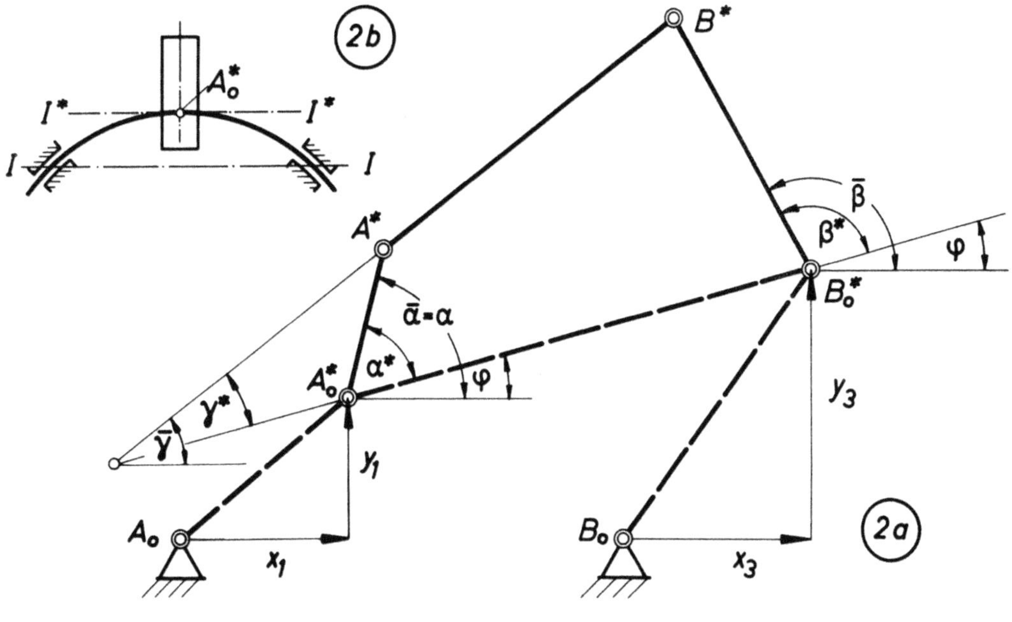

A b b i l d u n g 2a,b
Getriebe in ausgelenkter Lage

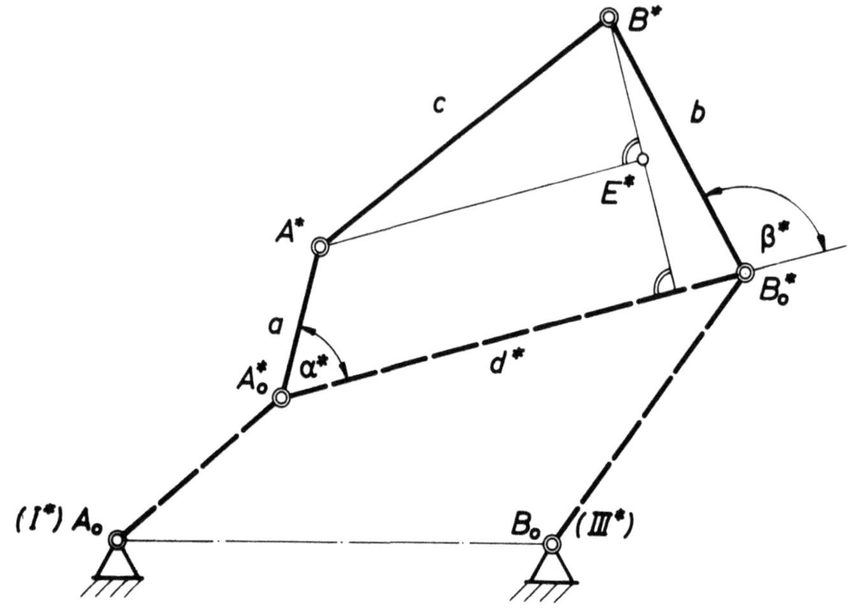

A b b i l d u n g 2c

Zur Entwicklung von $f(\alpha^*, \beta^*, d^*) = 0$ und $F(\alpha^*, \gamma^*, d^*) = 0$

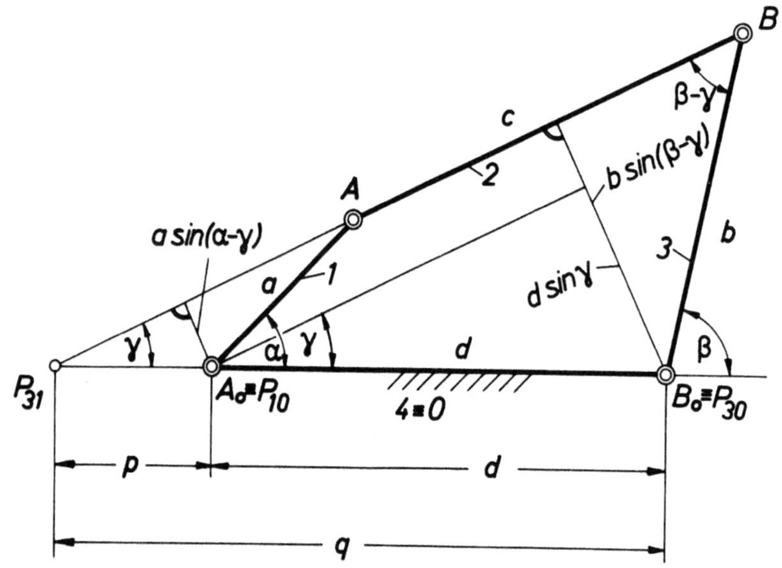

A b b i l d u n g 3a

Geometrie des nicht ausgelenkten Getriebes

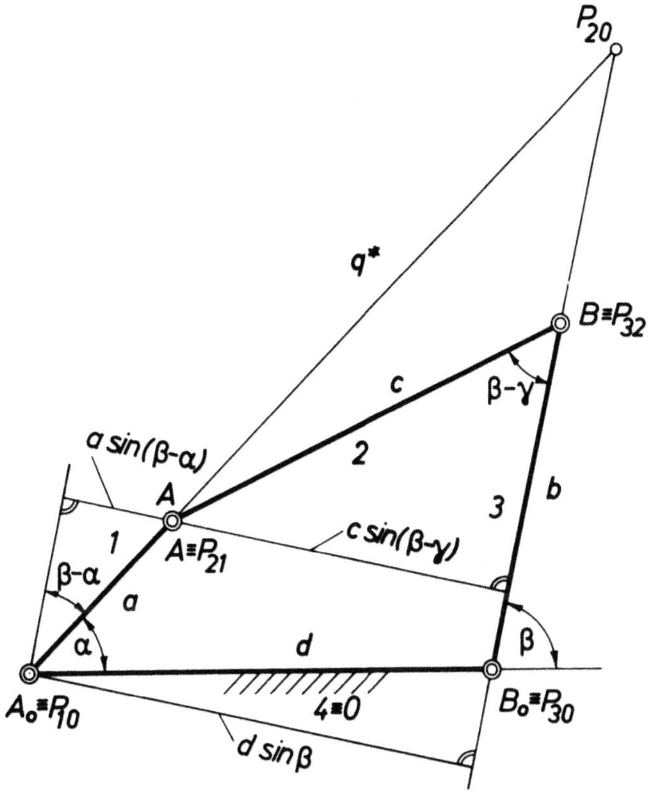

A b b i l d u n g 3b
Geometrie des nicht ausgelenkten Getriebes

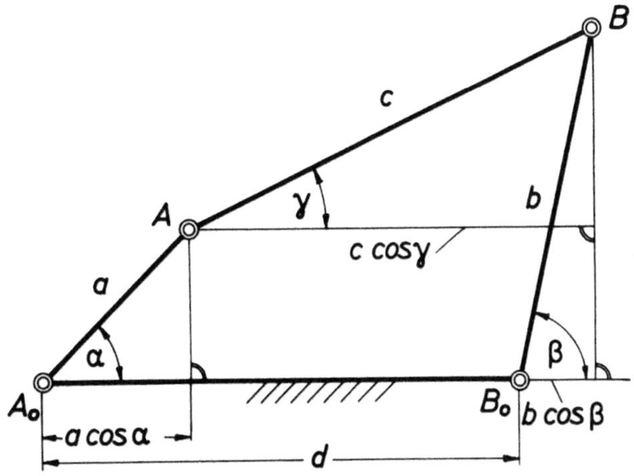

A b b i l d u n g 3c
Geometrie des nicht ausgelenkten Getriebes

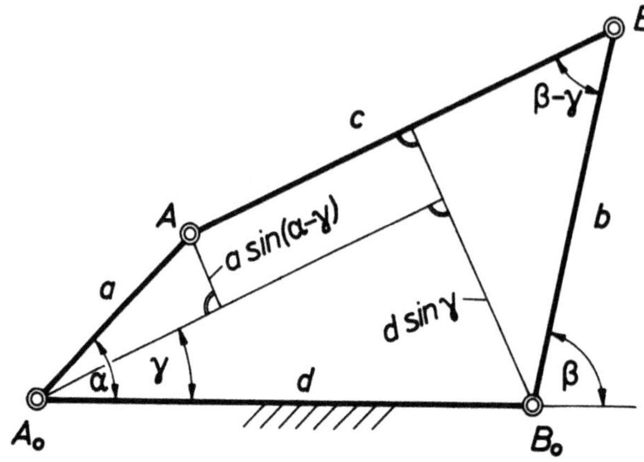

A b b i l d u n g 3d
Geometrie des nicht ausgelenkten Getriebes

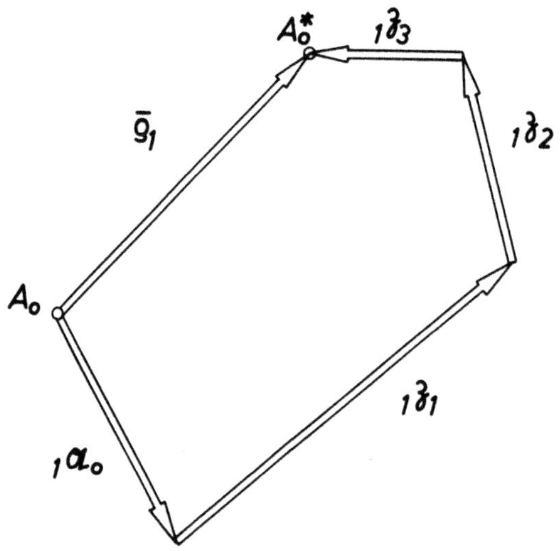

A b b i l d u n g 4
Vektorensumme (vgl. Text)

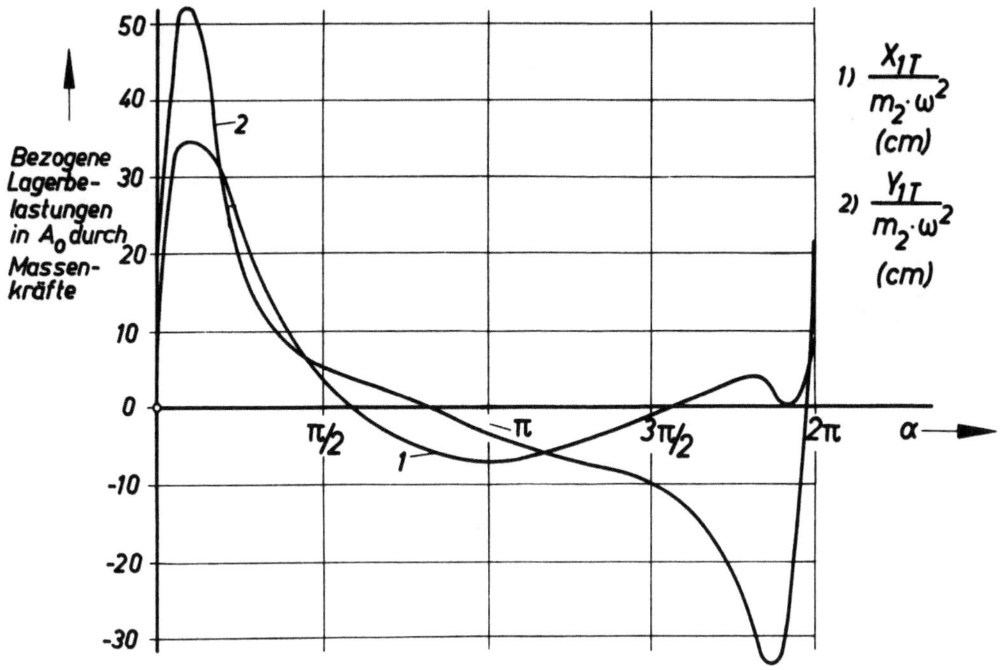

A b b i l d u n g 5

Bezogene Lagerbelastungen durch Massenkräfte in A_0

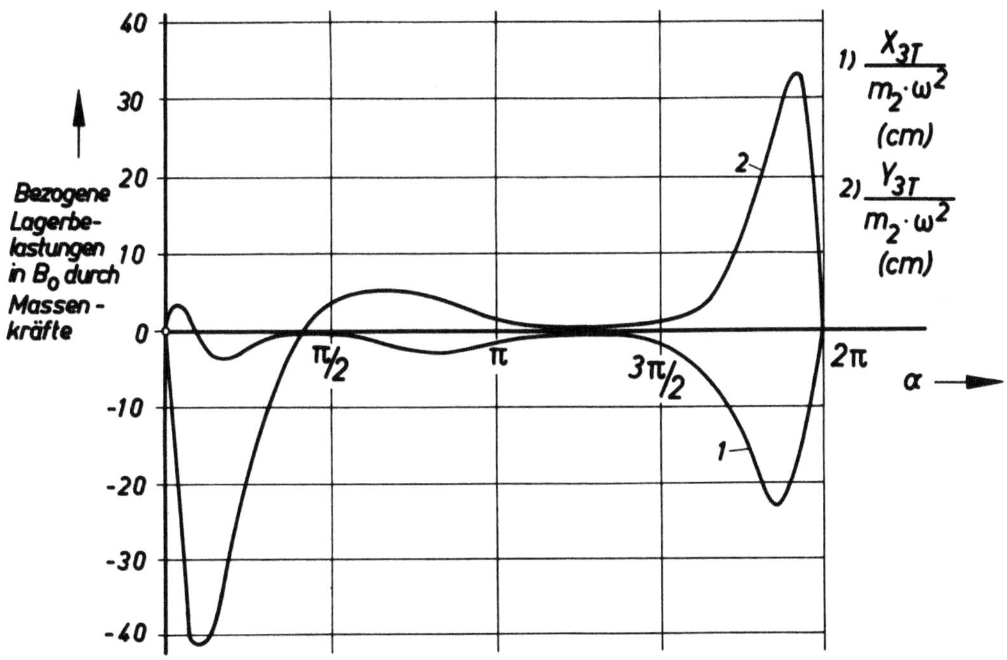

A b b i l d u n g 6

Bezogene Lagerbelastungen in B_0 durch Massenkräfte

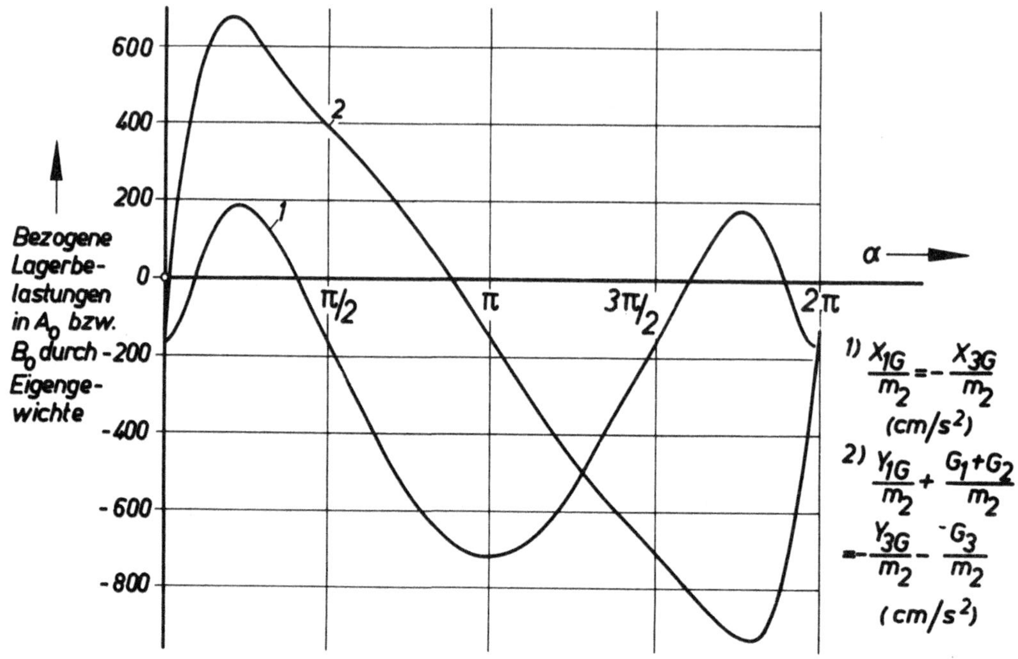

A b b i l d u n g 7

Bezogene Lagerbelastungen in A_o bzw. B_o durch Eigengewichte

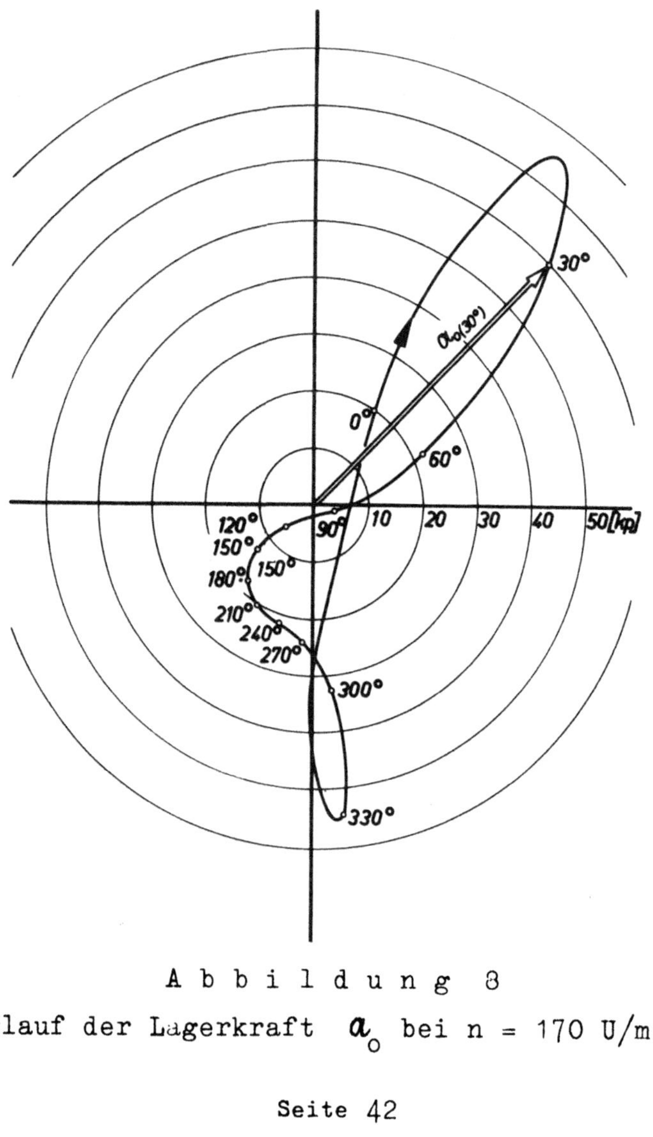

A b b i l d u n g 8

Verlauf der Lagerkraft a_o bei n = 170 U/min

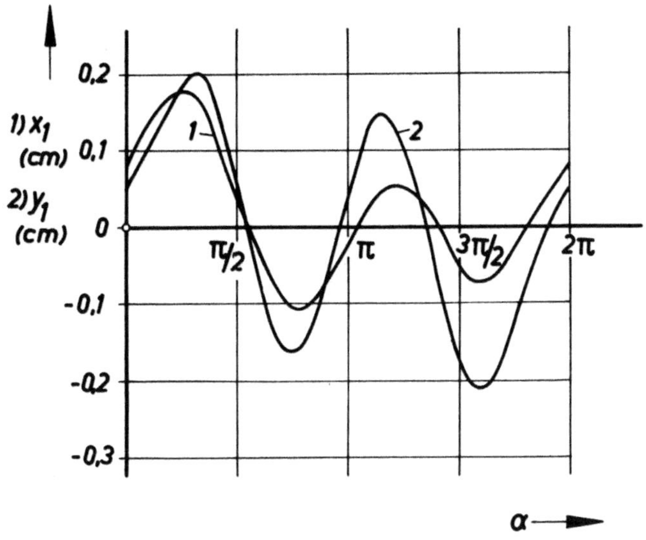

A b b i l d u n g 9

Wegkomponenten x_1, y_1 des Punktes A_o bei n = 170 U/min

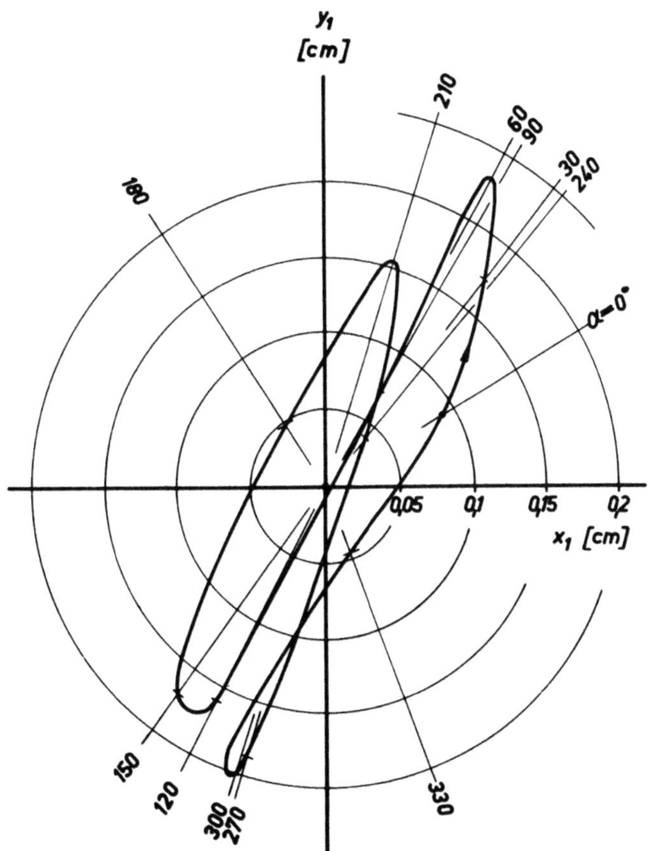

A b b i l d u n g 10

Auslenkung $\overline{g}_1$ des Punktes A_o bei n = 170 U/min

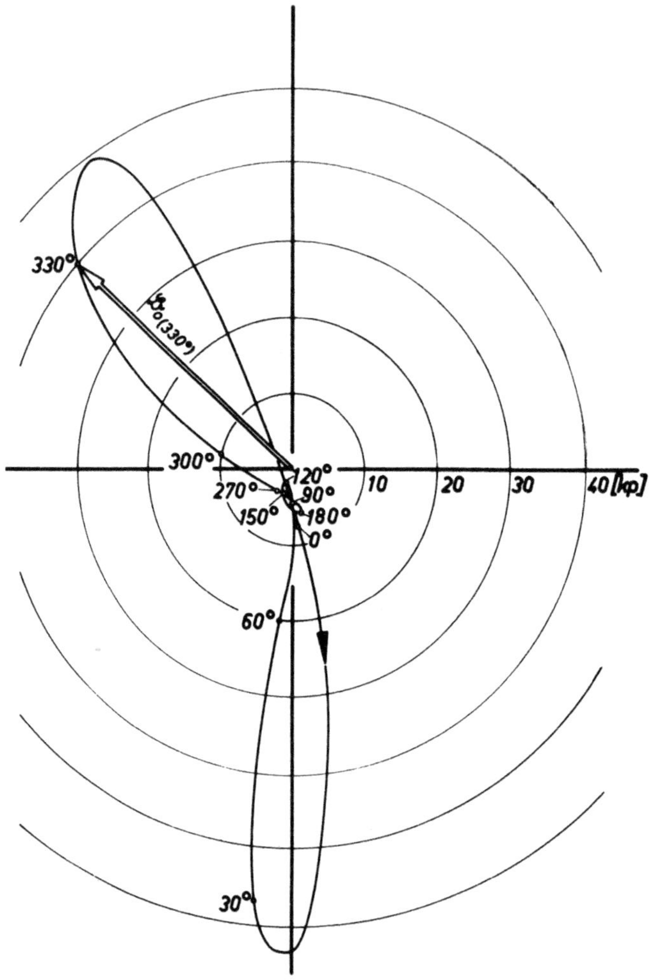

A b b i l d u n g 11

Verlauf der Lagerkraft $\mathfrak{L}_o$ bei n = 170 U/min

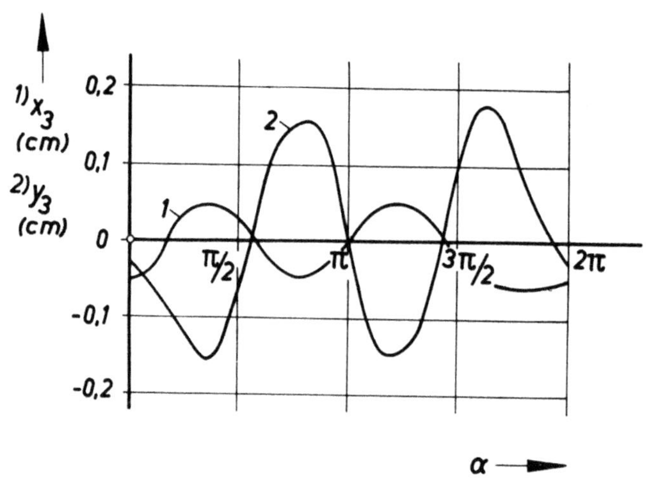

A b b i l d u n g 12

Wegkomponenten x_3, y_3 des Punktes B_o bei n = 170 U/min

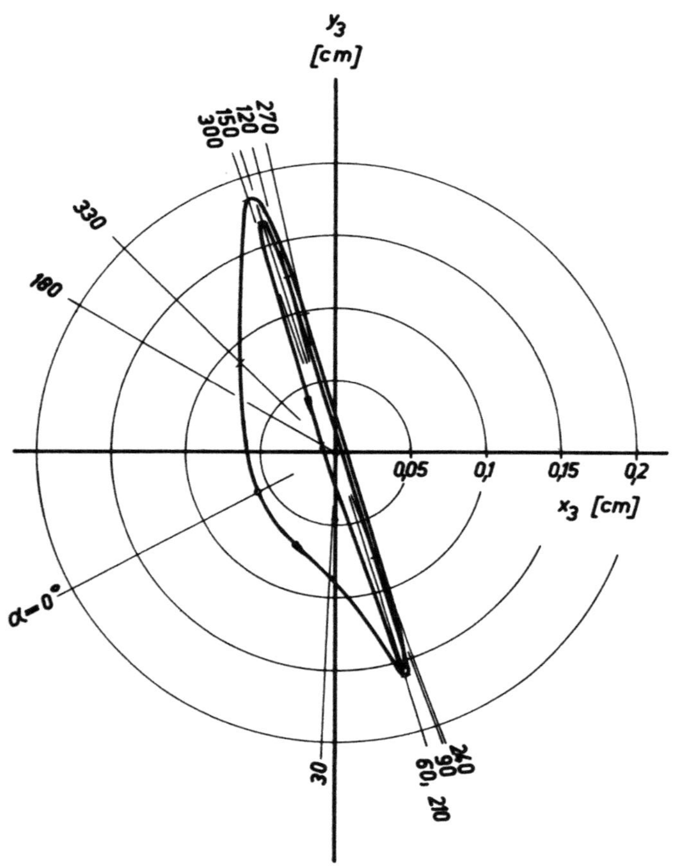

Abbildung 13

Auslenkung $\overline{q}_3$ des Punktes B_o bei n = 170 U/min

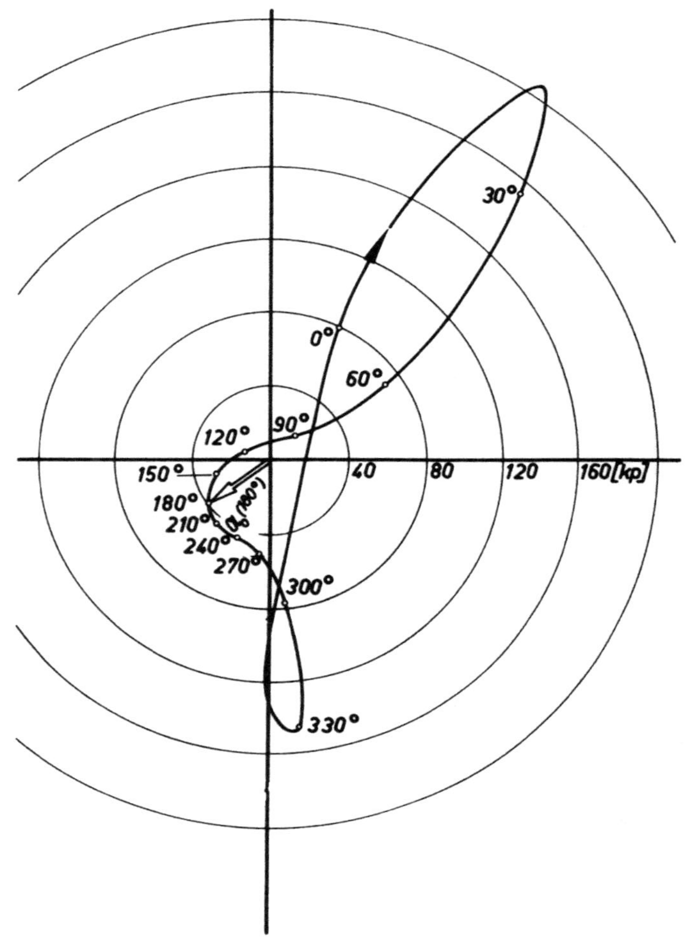

Abbildung 14

Verlauf der Lagerkraft α_o bei n = 300 U/min

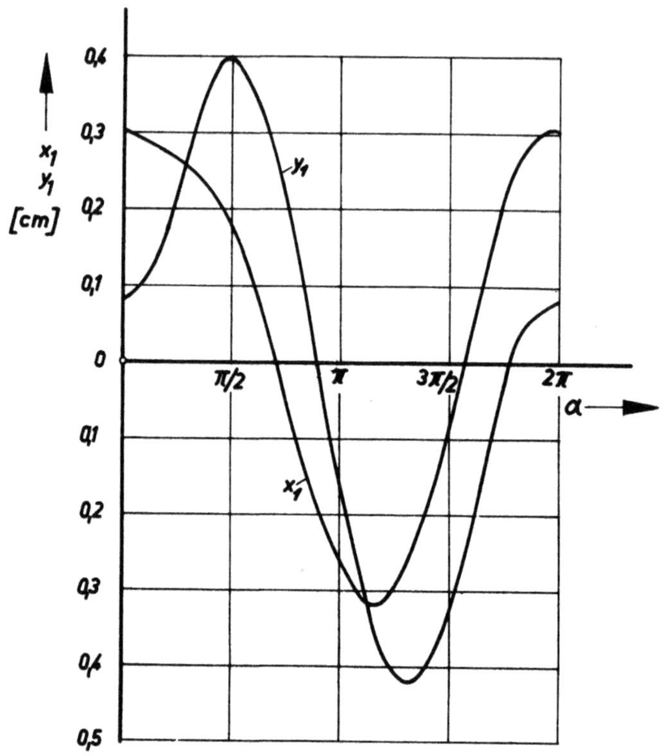

A b b i l d u n g 15

Wegkomponenten x_1, y_1 des Punktes A_o bei n = 300 U/min

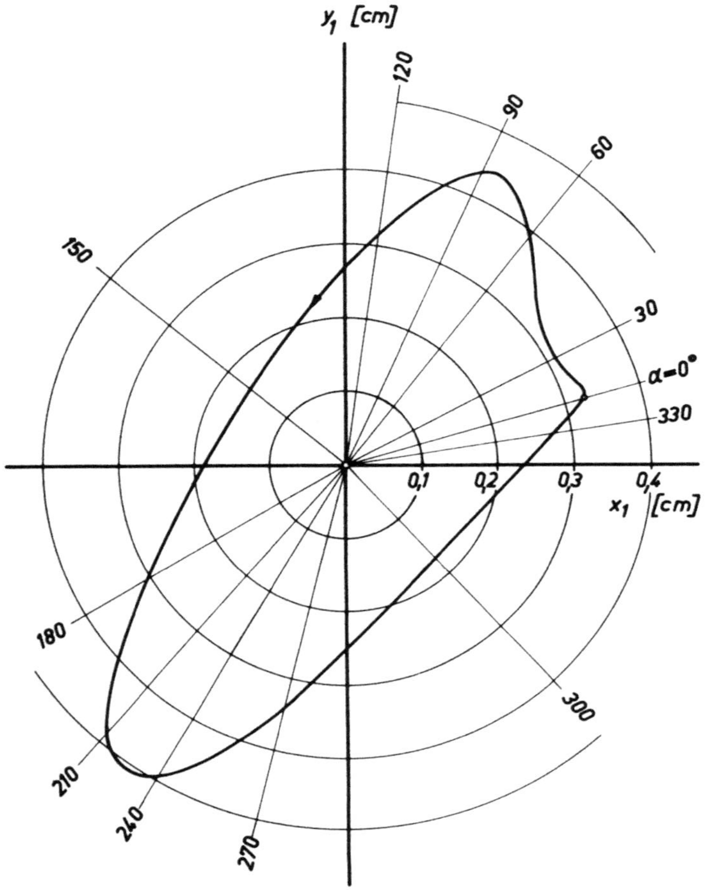

A b b i l d u n g 16

Auslenkung $\overline{g}_1$ **des Punktes** A_o bei n = 300 U/min

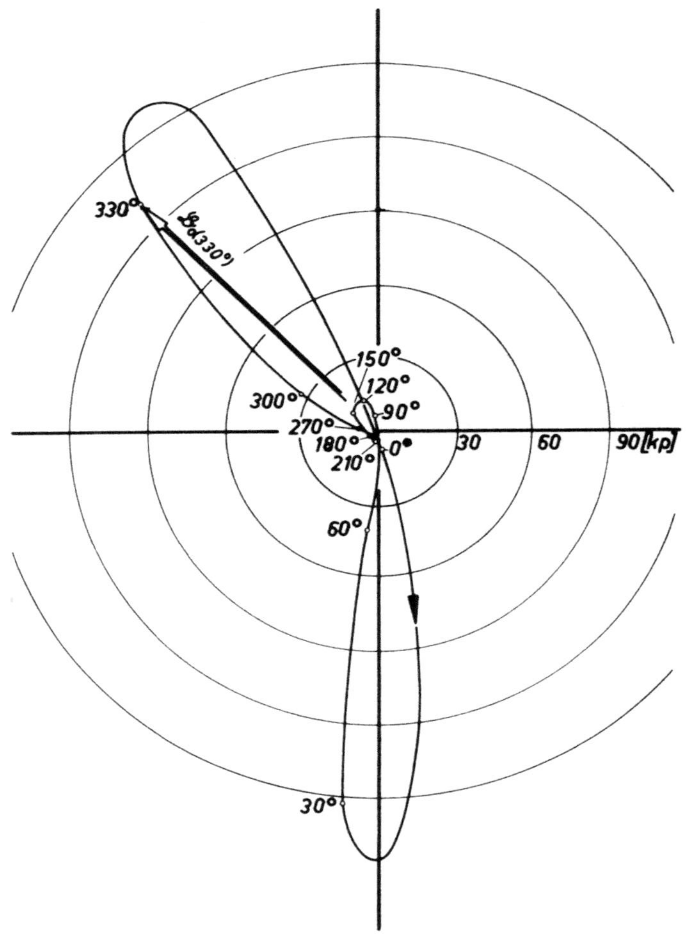

A b b i l d u n g 17

Verlauf der Lagerkraft $\mathfrak{L}_o$ bei n = 300 U/min

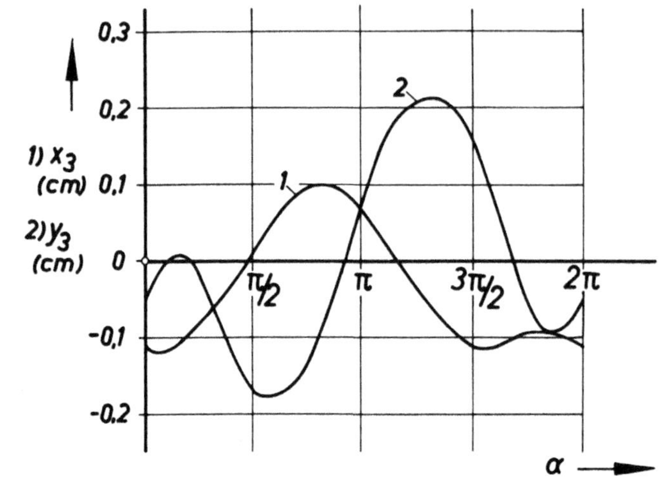

A b b i l d u n g 18

Wegkomponenten x_3, y_3 des Punktes B_o bei n = 300 U/min

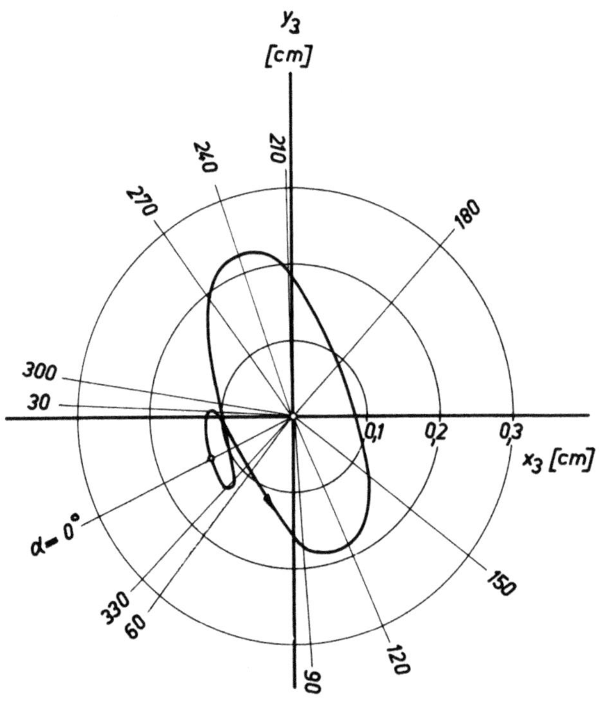

A b b i l d u n g 19

Auslenkung $\bar{g}_3$ des Punktes B_o bei n = 300 U/min

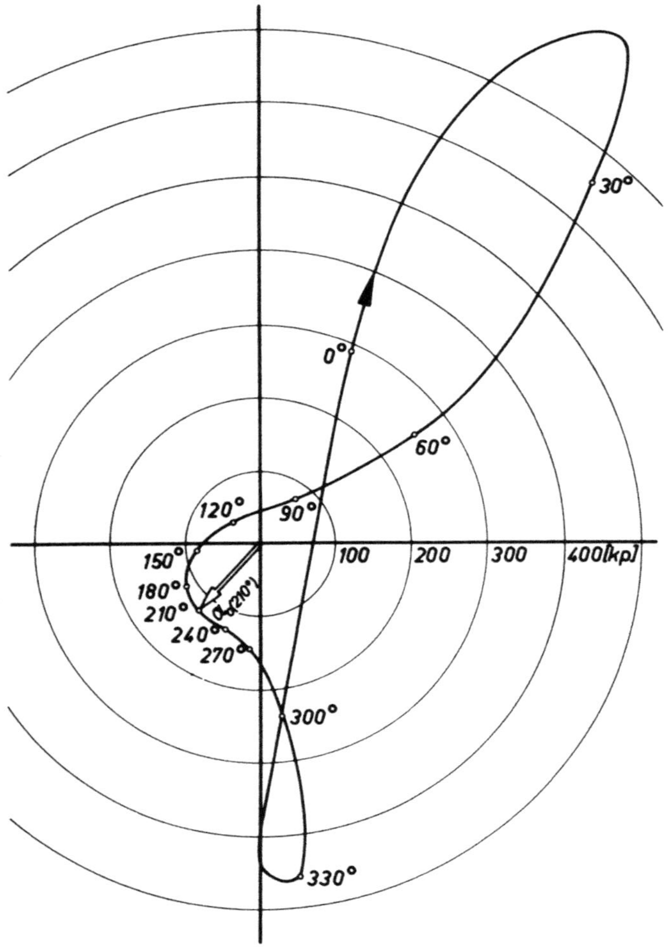

A b b i l d u n g 20

Verlauf der Lagerkraft $\mathfrak{A}_0$ bei n = 550 U/min

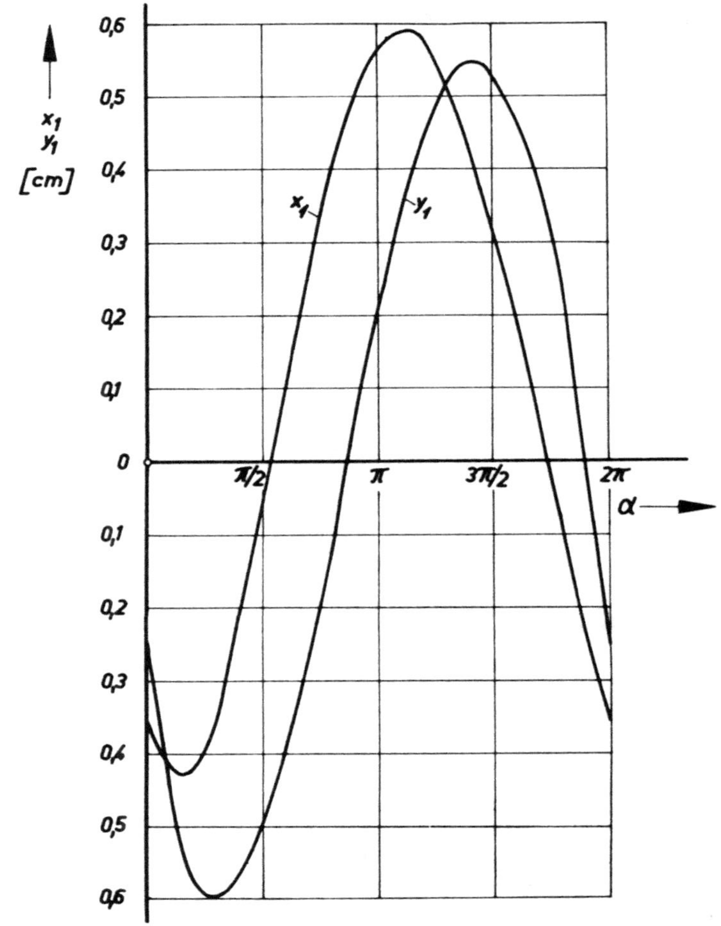

A b b i l d u n g 21

Wegkomponenten x_1, y_1 des Punktes A_0 bei n = 550 U/min

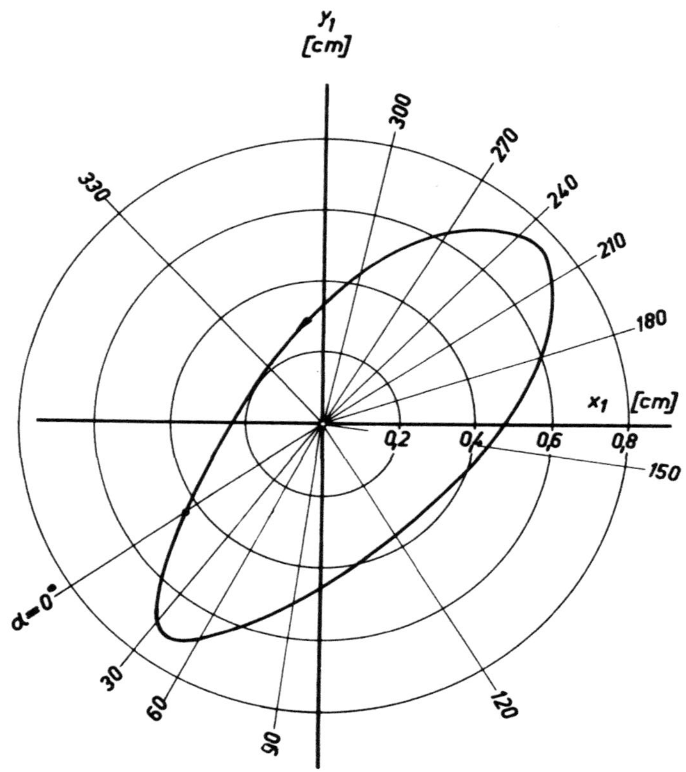

A b b i l d u n g 22

Auslenkung $\overline{g}_1$ des Punktes A_o bei n = 550 U/min

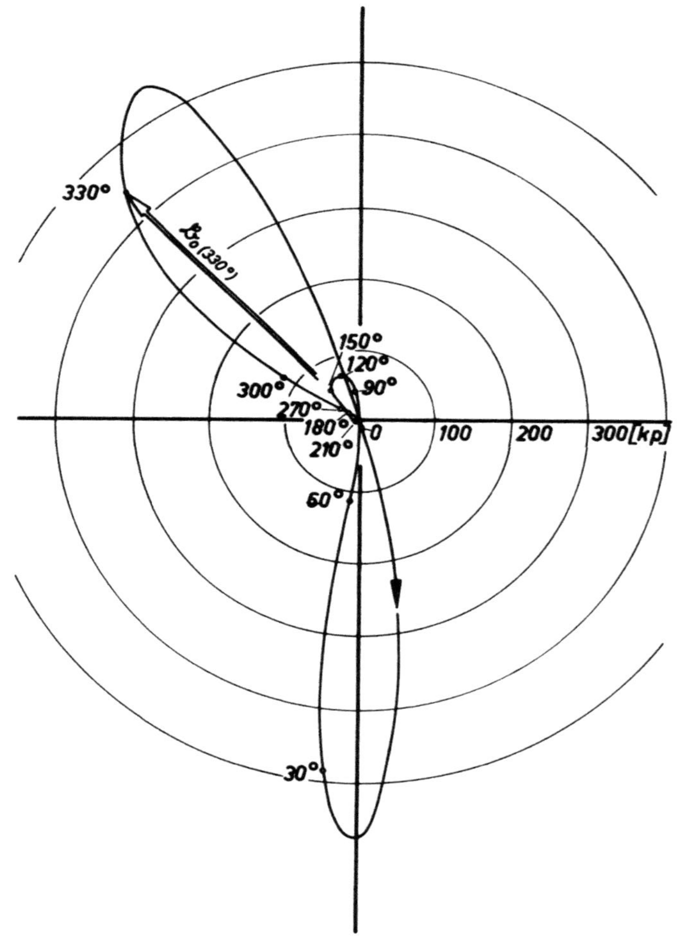

A b b i l d u n g 23

Verlauf der Lagerkraft $\mathfrak{L}_o$ bei n = 550 U/min

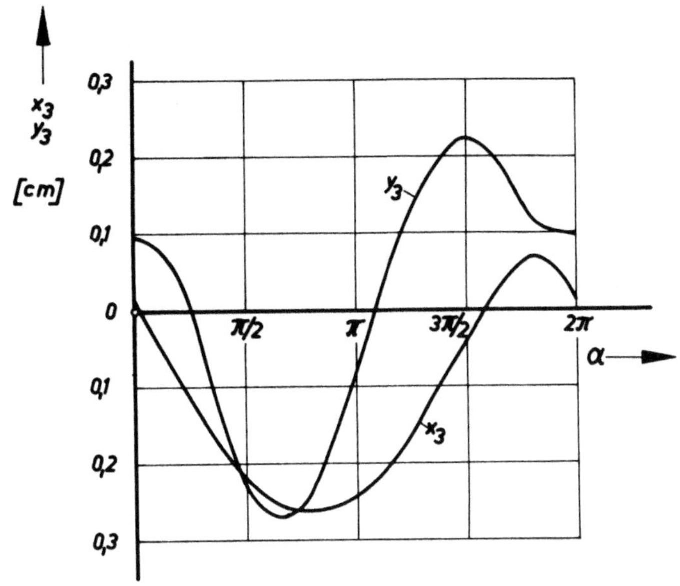

A b b i l d u n g 24

Wegkomponenten x_3, y_3 des Punktes B_o bei n = 550 U/min

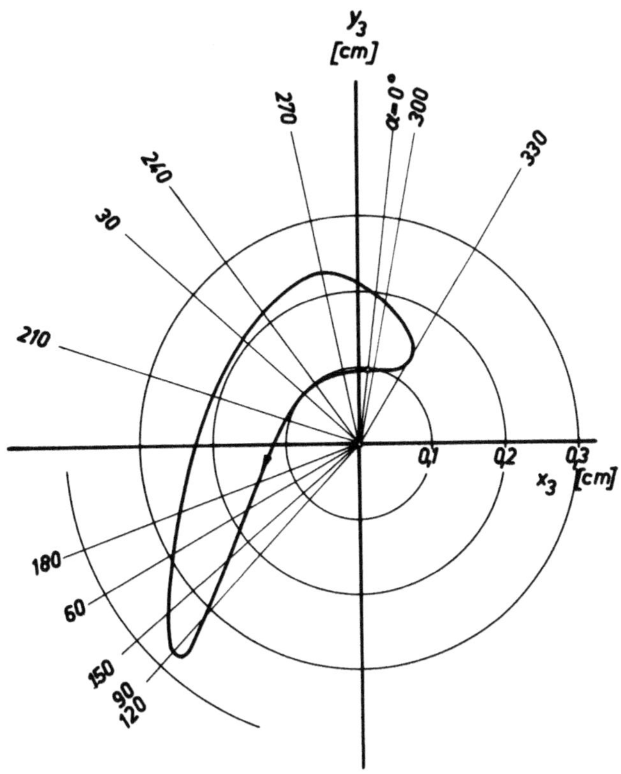

A b b i l d u n g 25

Auslenkung $\bar{g}_3$ des Punktes B_o bei n = 550 U/min

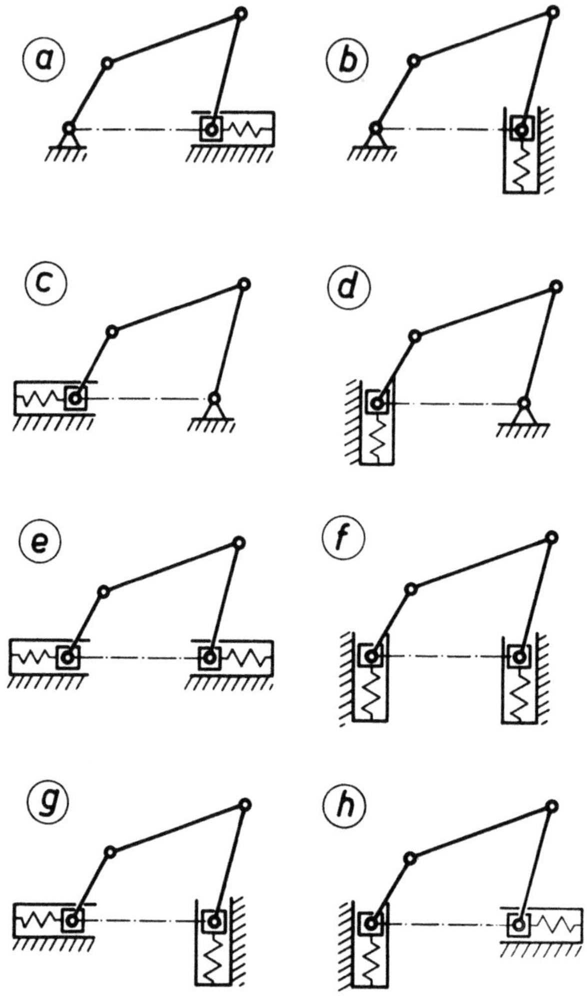

A b b i l d u n g 26a-h
Sonderfälle der elastischen Lagerung

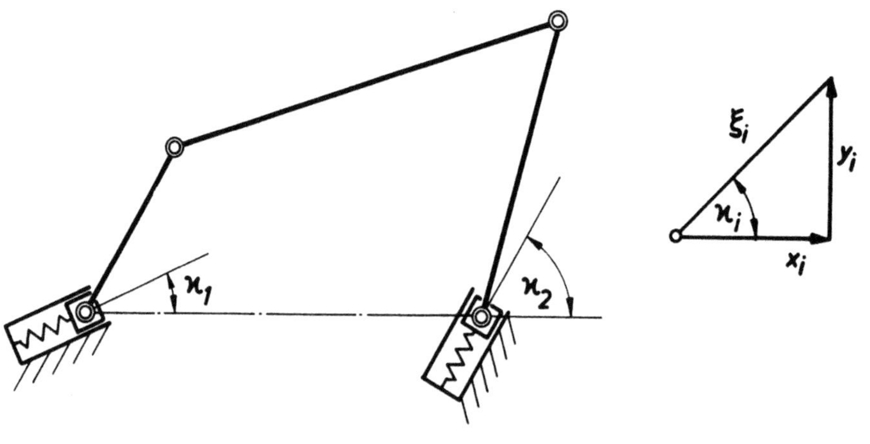

A b b i l d u n g 27
Beliebige elastische Lagerung

A b b i l d u n g 28
Modell einer Kurbelschwinge mit allseitig elastisch gelagerten Drehpunkten A_o und B_o

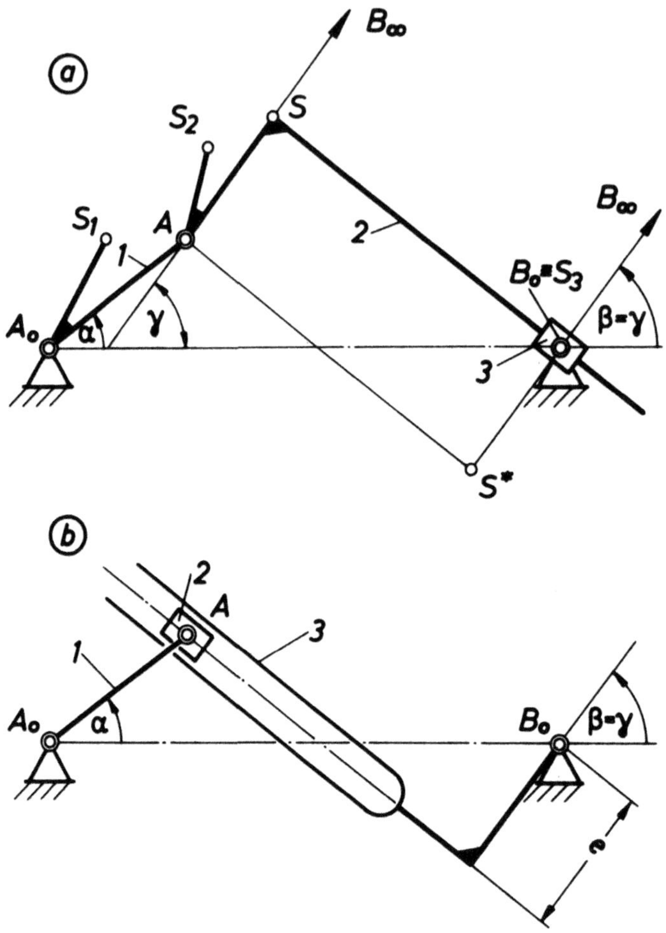

A b b i l d u n g 29a,b

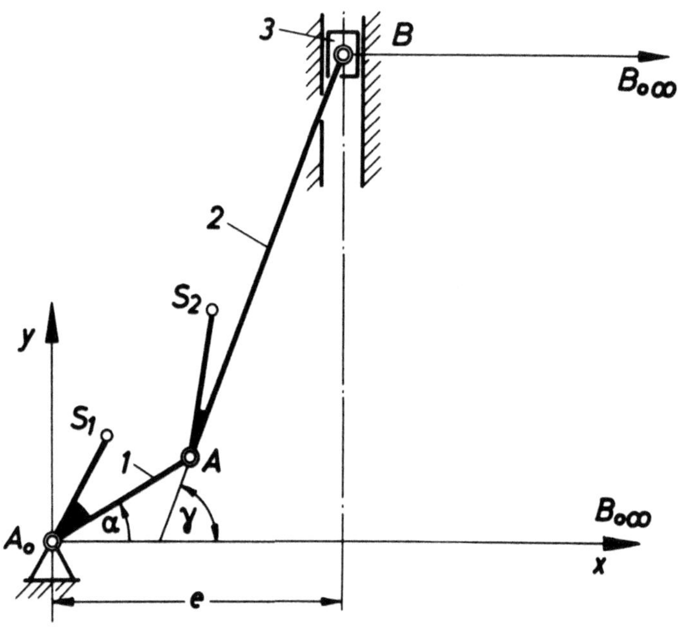

A b b i l d u n g 30
Schubkrubel

FORSCHUNGSBERICHTE DES LANDES NORDRHEIN-WESTFALEN

Herausgegeben
im Auftrage des Ministerpräsidenten Dr. Franz Meyers
von Staatssekretär Professor Dr. h. c., Dr. E. h. Leo Brandt

MASCHINENBAU

HEFT 45
Losenhausenwerk Düsseldorfer Maschinenbau AG, Düsseldorf
Untersuchungen von störenden Einflüssen auf die Lastgrenzenanzeige von Dauerschwingprüfmaschinen
1953, 36 Seiten, 11 Abb., 3 Tabellen, DM 7,25

HEFT 77
Meteor Apparatebau Paul Schmeck GmbH, Siegen
Entwicklung von Leuchtstoffröhren hoher Leistung
1954, 46 Seiten, 12 Abb., 2 Tabellen, DM 9,15

HEFT 100
Prof. Dr.-Ing. H. Opitz, Aachen
Untersuchungen von elektrischen Antrieben, Steuerungen und Regelungen an Werkzeugmaschinen
1955, 166 Seiten, 71 Abb., 3 Tabellen, DM 31,30

HEFT 136
Dipl.-Phys. P. Pilz, Remscheid
Über spezielle Probleme der Zerkleinerungstechnik von Weichstoffen
1955, 58 Seiten, 19 Abb., 2 Tabellen, DM 11,50

HEFT 147
Dr.-Ing. W. Rudisch, Unna
Untersuchung einer drehelastischen Elektromagnet-Synchronkupplung
1955, 82 Seiten, 65 Abb., DM 17,70

HEFT 183
Dr. W. Bornheim, Köln
Entwicklungsarbeiten an Flaschen- und Ampullen-Behandlungsmaschinen für die pharmazeutische Industrie
1956, 48 Seiten, 24 Abb., DM 11,70

HEFT 212
Dipl.-Ing. H. Spodig, Selm
Untersuchung zur Anwendung der Dauermagnete in der Technik
1955, 44 Seiten, 25 Abb., DM 9,80

HEFT 295
Prof. Dr.-Ing. H. Opitz und Dipl.-Ing. H. Axer, Aachen
Untersuchung und Weiterentwicklung neuartiger elektrischer Bearbeitungsverfahren
1956, 42 Seiten, 27 Abb., DM 10,30

HEFT 298
Prof. Dr.-Ing. E. Oehler, Aachen
Untersuchung von kritischen Drehzahlen, die durch Kreiselmomente verursacht werden
1956, 50 Seiten, 35 Abb., DM 13,15

HEFT 384
Prof. Dr.-Ing. H. Opitz, Aachen
Schwingungsuntersuchungen an Werkzeugmaschinen
1958, 66 Seiten, 73 Abb., DM 20,40

HEFT 412
Prof. Dr.-Ing. H. Opitz, Aachen
Kennwerte und Leistungsbedarf für Werkzeugmaschinengetriebe
1958, 72 Seiten, 35 Abb., DM 17,20

HEFT 506
Prof. Dr.-Ing. W. Meyer zur Capellen, Aachen
Der Flächeninhalt von Koppelkurven. Ein Beitrag zu ihrem Formenwandel
1958, 74 Seiten, 26 Abb., DM 21,50

HEFT 533
Prof. Dr.-Ing. H. Opitz und Dipl-Ing. W. Hölken, Aachen
Untersuchung von Ratterschwingungen an Drehbänken
1958, 70 Seiten, 44 Abb., 2 Tabellen, DM 19,70

HEFT 606
Oberbaurat Prof. Dr.-Ing. W. Meyer zur Capellen, Aachen
Eine Getriebegruppe mit stationärem Geschwindigkeitsverlauf
1958, 34 Seiten, 21 Abb., DM 10,50

HEFT 631
Dr. E. Wedekind, Krefeld
Der Einfluß der Automatisierung auf die Struktur der Maschinen- und Arbeiterzeiten am mehrstelligen Arbeitsplatz in der Textilindustrie
1958, 72 Seiten, 32 Abb., 8 Tabellen, DM 21,10

HEFT 667
Prof. Dr.-Ing. H. Opitz und Dipl.-Ing. H. de Jong, Aachen
Schwingungs- und Geräuschuntersuchungen an ortsfesten Getrieben
1959, 32 Seiten, 28 Abb., 2 Tabellen, DM 10,30

HEFT 668
Prof. Dr.-Ing. H. Opitz, Dipl.-Ing. G. Ostermann und Dipl.-Ing. M. Gappisch, Aachen
Beobachtungen über den Verschleiß an Hartmetallwerkzeugen
1958, 38 Seiten, 26 Abb., DM 12,—

HEFT 669
Prof. Dr.-Ing. H. Opitz, Dipl.-Ing. H. Uhrmeister und Dipl-Ing. K. Jüstel, Aachen
Aufbau und Wirkungsweise einer Magnetbandsteuerung
1958, 50 Seiten, 39 Abb., DM 15,—

HEFT 670
Prof. Dr.-Ing. H. Opitz und Dipl.-Ing. W. Backé, Aachen
Untersuchung von Kopiersteuerungen
1959, 70 Seiten, 54 Abb., DM 18,80

HEFT 671
Prof. Dr.-Ing. H. Opitz, Dr.-Ing. R. Piekenbrink und Dipl.-Ing. K. Honrath, Aachen
Untersuchungen an Werkzeugmaschinenelementen
1959, 70 Seiten, 71 Abb., DM 20,—

HEFT 672
Prof. Dr.-Ing. H. Opitz, Dipl.-Ing. H. Heiermann und Dipl.-Ing. B. Rupprecht, Aachen
Untersuchungen beim Innenrundschleifen
1959, 34 Seiten, 50 Abb., DM 11,50

HEFT 673
Prof. Dr.-Ing. H. Opitz, Dipl.-Ing. H. Obrig und Dipl.-Ing. K. Ganser, Aachen
Die Bearbeitung von Werkzeugstoffen durch funkenerosives Senken
1959, 60 Seiten, 41 Abb., 1 Tabelle, DM 18,—

HEFT 676
Prof. Dr.-Ing. W. Meyer zur Capellen, Aachen
Harmonische Analyse bei Kurbeltrieben.
I. Allgemeine Zusammenhänge
1959, 38 Seiten, 10 Abb., DM 11,50

HEFT 695
Dr.-Ing. W. Herding, München
Die Fahrdynamik und das Arbeitsspiel gleisloser Erdbaugeräte als Kalkulationsgrundlage für die Bodenförderung und ihre Kosten
1960, 178 Seiten, 89 Abb., 18 Tabellen, DM 49,—

HEFT 718
Prof. Dr.-Ing. W. Meyer zur Capellen, Aachen
Die geschränkte Kurbelschleife
I. Die Bewegungsverhältnisse
1959, 110 Seiten, 54 Abb., DM 29,20

HEFT 764
Prof. Dr.-Ing. H. Opitz, Dr.-Ing. H. Siebel und Dipl.-Ing. R. Fleck, Aachen
Keramische Schneidstoffe
1959, 30 Seiten, 18 Abb., DM 9,80

HEFT 772
Prof. Dr.-Ing. W. Meyer zur Capellen, Aachen
Nomogramme zur geneigten Sinuslinie
1959, 28 Seiten, 11 Abb., DM 8,50

HEFT 775
Prof. Dr.-Ing. H. Opitz, Aachen
Automatische Erfassung der Maßabweichung der Werkstücke zum Zweck der selbständigen Korrektur der Maschine
1959, 38 Seiten, 27 Abb., DM 11,40

HEFT 777
Prof. Dr.-Ing. H. Opitz und Dipl.-Ing. P.-H. Brammertz, Aachen
Werkstückgüte und Fertigkeitskosten beim Innen-Feindrehen und Außenrund-Einsteckschleifen
1959, 92 Seiten, 68 Abb., DM 25,30

HEFT 788
Prof. Dr.-Ing. H. Opitz, Aachen
Der Einsatz radioaktiver Isotope bei Zerspanungsuntersuchungen
1959, 36 Seiten, 23 Abb., DM 11,30

HEFT 794
Dipl.-Ing. Reinhard Wilken, Düsseldorf
Das Biegen von Innenborden mit Stempeln
1959, 82 Seiten, DM 22,40

HEFT 801
Baurat Dipl.-Ing. Gesell, Duisburg
Ersatz von Quarzsand als Strahlmittel
1960, 66 Seiten, 12 Abb., 4 Tabellen, 17 Diagramme, DM 18,90

HEFT 803
Prof. Dr.-Ing. W. Meyer zur Capellen und Dipl.-Ing. E. Lenk, Aachen
Harmonische Analyse bei Kurbeltrieben. Teil II: Gleichschenklige Getriebe
1960, 69 Seiten, 15 Abb., DM 18,40

HEFT 804
Prof. Dr.-Ing. W. Meyer zur Capellen und Dipl.-Ing. W. Rath, Aachen
Die geschränkte Kurbelschleife. Teil II: Die Harmonische Analyse
1960, 66 Seiten, 14 Abb., DM 18,90

HEFT 806
Prof. Dr.-Ing. H. Opitz u. a., Aachen
Untersuchungen von Zahnradgetrieben und Zahnradbearbeitungsmaschinen
1960, 95 Seiten, 81 Abb., DM 29,30

HEFT 809
Prof. Dr.-Ing. H. Opitz und Dipl.-Ing. H. H. Herold, Aachen
Untersuchung von elektro-mechanischen Schaltelementen
1960, 35 Seiten, 16 Abb., DM 11,—

HEFT 810
Prof. Dr.-Ing. H. Opitz und Dr.-Ing. N. Maas, Aachen
Das dynamische Verhalten von Lastschaltgetrieben
1960, 97 Seiten, 77 Abb., DM 29,50

HEFT 811
Prof. Dr.-Ing. H. Opitz und Dipl.-Ing. H. Bürklin, Aachen, Fa. Schoppe & Faeser, Minden, bearbeitet im Auftrage des Forschungsinstitutes für Rationalisierung in Aachen
Über Weggeber für automatisch gesteuerte Arbeitsmaschinen
1960, 93 Seiten, 79 Abb., DM 27,70

HEFT 820
Prof. Dr.-Ing. H. Opitz, Dipl.-Ing. H. Rohde und Dipl.-Ing. W. König, Aachen
Untersuchungen der Spanformung durch Spanbrecher beim Drehen mit Hartmetallwerkzeugen
1960, 35 Seiten, 16 Abb., DM 15,80

HEFT 830
Prof. Dr.-Ing. H. Opitz und Dipl.-Ing. W. Backé, Aachen
Automatisierung des Arbeitsablaufes in der spanabhebenden Fertigung
1960, 43 Seiten, 39 Abb., DM 14,60

HEFT 831
Prof. Dr.-Ing. H. Opitz, Dr.-Ing. H.-G. Rohs und Dr.-Ing. G. Stute, Aachen
Statistische Untersuchungen über die Ausnutzung von Werkzeugmaschinen in der Einzel- und Massenfertigung
1960, 38 Seiten, 32 Abb., DM 13,—

HEFT 835
Prof. Dr.-Ing. Walther Meyer zur Capellen, Lehrstuhl für Getriebelehre an der Technischen Hochschule, Aachen
Die harmonische Analyse von zykloidengesteuerten Schleifen

HEFT 864
Prof. Dr.-Ing. H. Opitz, Aachen
Funkenarbeit und Bearbeitungsergebnis bei der funkenerosiven Bearbeitung
1960, 44 Seiten, 19 Abb., DM 13,10

HEFT 873
Prof. Dr.-Ing. W. Meyer zur Capellen und Dipl.-Ing. W. Rath, Aachen
Kinematik der sphärischen Schubkurbel
1960, 38 Seiten, 13 Abb., DM 11,20

HEFT 887
Baurat Dipl.-Ing. W. Gesell, Duisburg
Arbeiten mit Preß-Formmaschinen unter Normal-Bedingungen und bei hohen spezifischen Preßdrucken
1960, 140 Seiten, 108 Abb., 11 Tabellen, DM 42,—

HEFT 898
Prof. Dr.-Ing. H. Opitz und H. de Jong, Aachen
Untersuchung von Zahnradgetrieben und Zahnradbearbeitungsmaschinen in Zusammenarbeit mit der Industrie
1960, 58 Seiten, 52 Abb., DM 19,20

HEFT 900
Prof. Dr.-Ing. H. Opitz und Dr.-Ing. J. Bielefeld, Aachen
Automatisierung der Werkzeugmaschine für die spanabhebende Bearbeitung
1960, 74 Seiten, 55 Abb., DM 21,—

HEFT 901
Prof. Dr.-Ing. H. Opitz, Dr.-Ing. J. Bielefeld und Dipl.-Ing. W. Kalkert, Aachen
Lebensdauerprüfung von Zahnradgetrieben
1960, 54 Seiten, 46 Abb., DM 17,30

HEFT 908
Dr.-Ing. W. Dettmering, Institut für Turbomaschinen der Technischen Hochschule Aachen
Experimentelle Untersuchungen an einer axialen Turbinenstufe
1960, 180 Seiten, 116 Abb., 16 Tabellen, DM 50,80

HEFT 914
Baurat Dipl.-Ing. Waldemar Gesell, Staatl. Ingenieurschule für Maschinenwesen, Duisburg
Zu Fragen der Strahlmittelprüfung
1961, 188 Seiten, 78 Abb., DM 49.—

HEFT 923
Prof. Dr.-Ing. W. Meyer zur Capellen und Dipl.-Ing. Karl-Albert Rischen, Lehrstuhl für Getriebelehre der Technischen Hochschule Aachen
Lagenzuordnungen an ebenen Viergelenkgetrieben in analytischer Darstellung. Eine Maßsynthese
1961, 84 Seiten, 29 Abb., DM 23,20

HEFT 928
Prof. Dr.-Ing. Herwart Opitz, Dipl.-Ing. Helmut Rohde und Dipl.-Ing. Wilfried König, Laboratorium für Werkzeugmaschinen und Betriebslehre an der Technischen Hochschule Aachen
Untersuchung des Räumvorganges
1961, 116 Seiten, 90 Abb., DM 36,10

HEFT 929
Prof. Dr.-Ing. Herwart Opitz, Laboratorium für Werkzeugmaschinen und Betriebslehre an der Technischen Hochschule Aachen
Richtwerte für das Fräsen von unlegierten und legierten Baustählen mit Hartmetall. — Teil III
1961, 64 Seiten, 57 Abb., 7 Tabellen, DM 21,30

HEFT 930
Prof. Dr.-Ing. Herwart Opitz und Dipl.-Ing. Rolf Umbach, Laboratorium für Werkzeugmaschinen und Betriebslehre an der Technischen Hochschule Aachen
Modellversuch zur dynamischen Versteifung von Werkzeugmaschinen durch Ankopplung gedämpfter Hilfsmassensysteme
1961, 18 Seiten, 30 Abb., DM 13,30

HEFT 931
Dipl.-Ing. H. G. Rachner, Institut für Maschinengestaltung und Maschinendynamik der Technischen Hochschule Aachen
Ein Beitrag zur Frage der Kettenradverzahnung
1961, 64 Seiten, 55 Abb., 2 Tabellen DM 19,30

HEFT 943
Dipl.-Ing. H. G. Rachner, Institut für Maschinengestaltung und Maschinendynamik der Technischen Hochschule Aachen
Die Drehschwingungen des Zweirad-Kettengetriebes bei innerer Erregung
1961, 98 Seiten, 68 Abb., DM 30,—

HEFT 949
Prof. Dr.-Ing. K. Leist †, Dipl.-Ing. Dieter Stojek und Dipl.-Ing. Manfred Pötke, Institut für Turbomaschinen der Technischen Hochschule Aachen
Verbesserung der Wirtschaftlichkeit von Gasturbinen durch Zwischenverbrennung innerhalb der Turbine und Versuche zu ihrer Verwirklichung
1961, 80 Seiten, 40 Abb., DM 30,10

HEFT 950
Prof. Dr.-Ing. K. Leist † und Dipl.-Ing. Oswald Thun, Institut für Turbomaschinen der Technischen Hochschule Aachen
Strömungsmessungen zur Ermittlung von Brennkammer-Ausbrenngraden
1961, 66 Seiten, 33 Abb., 6 Tabellen DM 19,90

HEFT 951
Prof. Dr.-Ing. K. Leist † und Dipl.-Ing. Oswald Thun, Institut für Turbomaschinen der Technischen Hochschule Aachen
Meßmethode bei Brennkammeruntersuchungen zur Ermittlung des Ausbrenngrades
1961, 64 Seiten, 10 Abb., 2 Tabellen, DM 19,20

HEFT 953
Prof. Dr.-Ing. K. Leist † und Dipl.-Ing. Heinrich Ostenrath, Institut für Turbomaschinen der Technischen Hochschule Aachen
Betriebsverhalten einer Versuchsgasturbine kleiner Leistung
1961, 44 Seiten, 35 Abb., 2 Anlagen, DM 15,30

HEFT 955
Prof. Dr.-Ing. H. Opitz und Dipl.-Ing. H. Uhrmeister, Laboratorium für Werkzeugmaschinen und Betriebslehre der Technischen Hochschule Aachen
Die dynamischen Eigenschaften hydraulischer Vorschubmotoren für Werkzeugmaschinen
1961, 60 Seiten, 66 Abb., DM 20,—

HEFT 977
Dr.-Ing. Gottfried Kronenberger, Institut für Baumaschinen und Baubetrieb der Technischen Hochschule Aachen
Verdichtungswirkung und Arbeitsverhalten eines Einmassenrüttlers auf Schotter und Kiessand zur Ermittlung der maßgeblichen Einflußgrößen bei der Rüttelverdichtung
1961, 96 Seiten, 17 Tafeln, 7 Tab., 36 Abb., DM 27,70

HEFT 981
Dr.-Ing. Werner Wilhelm, Aerodynamisches Institut der Technischen Hochschule Aachen
Berechnung des Gaswechsels kurbelkastengespülter Zweitaktmotoren unter Berücksichtigung des Einflusses der Massenwirkung der strömenden Gassäule in den Spülkanälen
1961, 58 Seiten, 6 Abb., DM 19,20

HEFT 982
Dr.-Ing. Werner Wilhelm, Aerodynamisches Institut der Technischen Hochschule Aachen
Die Wirkung von Auspuffrohren mit Blenden am Rohrende sowie diffusorartiger Auspuffleistungen auf den Ladungswechsel einer Einzylinder-Zweitakt-Vergasermaschine mit Kurbelkastenspülpumpe

HEFT 983
Prof. Dr.-Ing. Paul Hadlatsch †, Aerodynamisches Institut der Technischen Hochschule Aachen
Berechnung der Druckwellen in Brennstoffeinspritzsystemen und in hydraulischen Ventilsteuerungen

HEFT 986
Dr.-Ing. Jameel Ahmad Khan, Aerodynamisches Institut der Technischen Hochschule Aachen
Untersuchungen zur instationären Strömung durch unstetige Querschnittsänderungen in Druckleitungen von Einspritzsystemen

HEFT 987
Dr.-Ing. Wilhelm Bosch, Aerodynamisches Institut der Technischen Hochschule Aachen
Untersuchungen zur instationären reibenden Strömung in Druckleitungen von Einspritzsystemen

HEFT 988
Dr.-Ing. Werner Wilhelm und Dipl.-Ing. Rudolf Jürgler, Aerodynamisches Institut der Technischen Hochschule Aachen
Nichtstationäre, eindimensionale und reibungsfreie Gasströmung schwach kompressibler Medien in Rohren mit einigen unstetigen Querschnittsänderungen
1961, 70 Seiten, 17 Abb., DM 21,50

HEFT 989
Dr.-Ing. Werner Wilhelm, Aerodynamisches Institut der Technischen Hochschule Aachen
Einfluß der Spülkanalabmessungen auf den Ladungswechsel kurbelkastengespülter Zweitaktmotoren

HEFT 1007
Prof. Dr.-Ing. H. Opitz, Dr.-Ing. Gottfried Stute, Laboratorium für Werkzeugmaschinen und Betriebslehre der Technischen Hochschule, Aachen
Untersuchung über den Einsatz der funkenerosiven Bearbeitung im Werkzeugbau

HEFT 1008
Prof. Dr.-Ing. H. Opitz, Dr.-Ing. P.-H. Brammertz, Laboratorium für Werkzeugmaschinen und Betriebslehre der Technischen Hochschule Aachen
Untersuchung der Ursachen für Form- und Maßfehler bei der Feinbearbeitung

HEFT 1011
Prof. Dr.-Ing. H. Opitz, Dr.-Ing. Günter Ostermann, Laboratorium für Werkzeugmaschinen und Betriebslehre der Technischen Hochschule Aachen
Untersuchung der Ursache des Werkzeugverschleißes

HEFT 1035
Dr.-Ing. Walter Rath, Lehrstuhl für Getriebelehre an der Technischen Hochschule Aachen
Massenkräfte in den Lagern sphärischer Getriebe

GPSR Compliance

The European Union's (EU) General Product Safety Regulation (GPSR) is a set of rules that requires consumer products to be safe and our obligations to ensure this.

If you have any concerns about our products, you can contact us on ProductSafety@springernature.com

In case Publisher is established outside the EU, the EU authorized representative is:

Springer Nature Customer Service Center GmbH
Europaplatz 3
69115 Heidelberg, Germany

Batch number: 10585057

Printed by Printforce, the Netherlands